U0390513

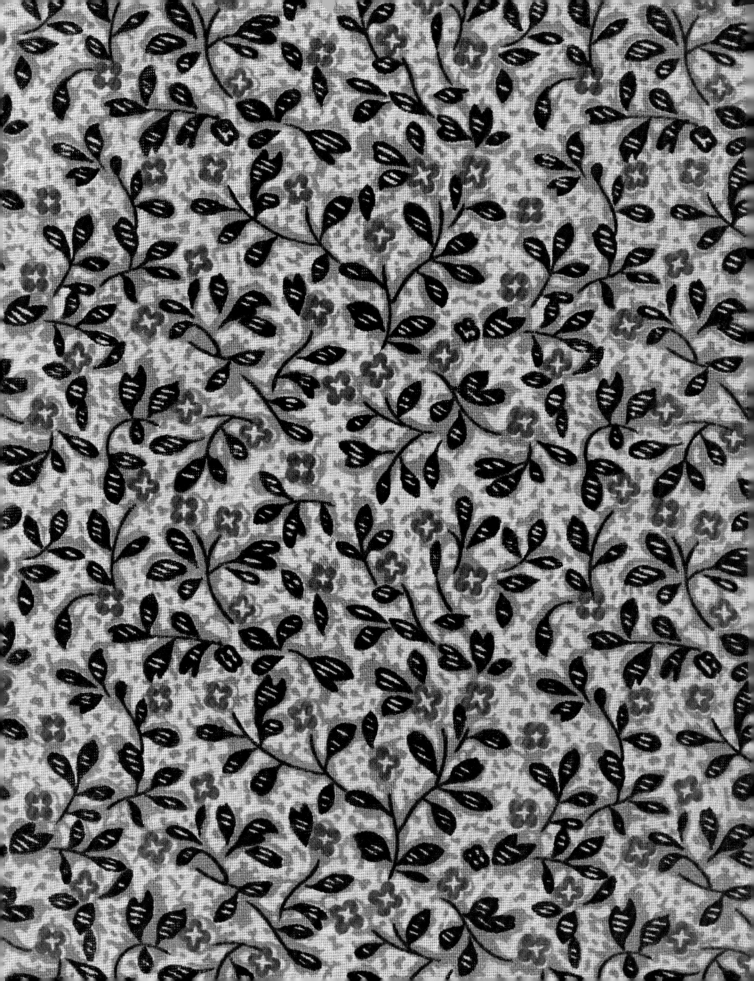

优美典雅的细工花饰

［日］角田昌子 / 著

虎耳草咩咩 / 译

竹村茶茶 / 审定

中国纺织出版社

原文书名：つまみ細工のアクセサリー（レディブティックシリーズ no. 4277）

原作者名：かくた　まさこ

Copyright © 2016 Boutique-sha, Inc.

Original Japanese edition published by Boutique-sha, Inc.

Chinese simplified character translation rights arranged with Boutique-sha, Inc.

Through Shinwon Agency Beijing Representative Office, Beijing.

Chinese simplified character translation rights © 2018 by China Textile & Apparel Press

本书中文简体版经 Boutique-sha, Inc. 授权，由中国纺织出版社独家出版发行。

本书内容未经出版者书面许可，不得以任何方式或任何手段复制、转载或刊登。

著作权合同登记号：图字：01-2017-3586

图书在版编目（CIP）数据

优美典雅的细工花饰 / 角田昌子著；虎耳草

咩咩译 . -- 北京：中国纺织出版社，2018.1（2019.2重印）

　　ISBN 978-7-5180-4263-0

　　Ⅰ . ①优… Ⅱ . ①角… ②虎… Ⅲ . ①头饰 – 制作

Ⅳ . ① TS973.5

中国版本图书馆 CIP 数据核字（2017）第 272813 号

责任编辑：刘　茸　　　　特约编辑：刘　婧

装帧设计：培捷文化　　　责任印制：储志伟

中国纺织出版社出版发行

地址：北京市朝阳区百子湾东里 A407 号楼　邮政编码：100124

销售电话：010—67004422　传真：010—87155801

http://www.c-textilep.com

E-mail: faxing@c-textilep.com

中国纺织出版社天猫旗舰店

官方微博 http://weibo.com/2119887771

北京华联印刷有限公司印刷　各地新华书店经销

2018 年 1 月第 1 版　2019 年 2 月第 3 次印刷

开本：889×1194　1/16　印张：5.25

字数：80 千字　定价：39.80 元

凡购本书，如有缺页、倒页、脱页，由本社图书营销中心调换

目录 *Contents*

準備工作

细工制作的基本步骤

初次体验细工的读者，在正式制作之前，先粗略介绍一下细工的基本步骤。

1 准备布料
将布裁剪成正方形切片。依据制作的作品来变换尺寸。剪裁所需数量的切片

2 浸湿布料
本书基本都是将切片浸湿后使用。需浸湿使用时，在解说图中用右侧的标记来表示。

浸湿

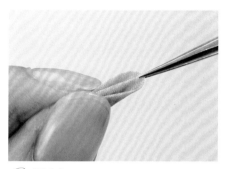

3 捏制
用镊子捏夹切片，折叠成花瓣的形状。以"剑形"与"圆形"为基础，也介绍了活运的捏制方法。

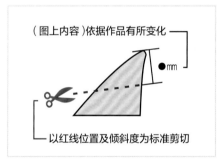

3 切边
剪切布片的下侧边缘称为"切边"。剪切位置依据作品有所变化。以图示为标准来裁边。

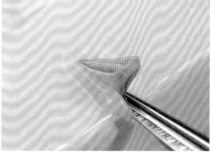

4 涂抹浆糊
将捏制好的布片排列放置在浆糊板上。大约10分钟后可以从浆糊板上取用。

5 准备底座
准备铺排花瓣的底座。底座的种类，依据要制作的饰物类别而有所不同。

6 铺排
将捏制好的花瓣铺排在底座上，制作成花朵形状的操作称为"铺排"。

7 添加装饰物、金属配件
在铺排好的花朵上，装饰珠子等饰物及金属配件，完成作品。

8 组合
将颜色、种类不同的数朵花组合起来，制作完成1个作品。

4

本书收录的细工制作方法

本书作品均以下面的捏制方法为基础制作而成。

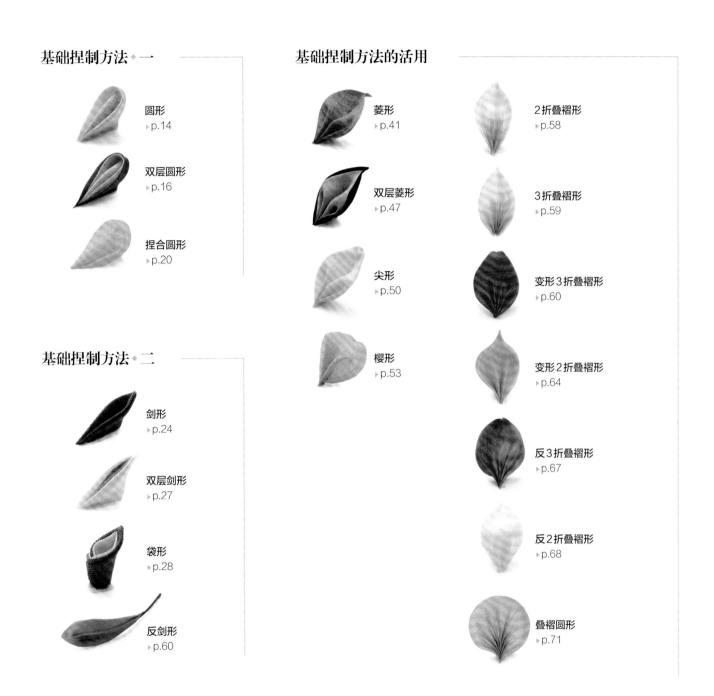

基础捏制方法 ◆ 一

圆形
▶p.14

双层圆形
▶p.16

捏合圆形
▶p.20

基础捏制方法 ◆ 二

剑形
▶p.24

双层剑形
▶p.27

袋形
▶p.28

反剑形
▶p.60

基础捏制方法的活用

菱形
▶p.41

双层菱形
▶p.47

尖形
▶p.50

樱形
▶p.53

2折叠褶形
▶p.58

3折叠褶形
▶p.59

变形3折叠褶形
▶p.60

变形2折叠褶形
▶p.64

反3折叠褶形
▶p.67

反2折叠褶形
▶p.68

叠褶圆形
▶p.71

※ 关于书中的尺寸表示
以作品的完成尺寸为基准。
尺寸因布的种类及铺排方法而有所变化。

▶ 细工制作所需工具

◆镊子
挑选尖端笔直，夹捏部没有防滑（槽）的镊子。

◆浆糊板
板面涂抹一层浆糊，排放捏好的花瓣使其吸收浆糊。也可用牛奶盒或鱼糕板来替代。

◆浆糊（淀粉浆糊）
文具店有售，普通的淀粉浆糊。涂抹在浆糊板上使用。

◆胶水
在制作底座、装饰珠子或花芯时使用。

◆铲子
在压布料时使用。使用做文字烧（译者注：以面粉糊和各种食材混合后浇在烧热的铁板上烤制而成的食品）时所用的木铲。

◆刮刀
涂胶水及浆糊时使用。也可用牛奶盒剪成4cm×10cm的条状或用雪糕棒来替代。

◆金属胶水
粘合底座和金属配件时使用。

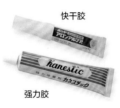

快干胶

强力胶

◆钳子·剪钳
弯折、剪断铁丝等情况下使用。准备齐圆嘴钳、平嘴钳、剪钳。

圆嘴钳　　平嘴钳　　剪钳

◆湿海绵
用于去除粘在镊子上的浆糊。

◆百洁布
作为操作台或毛巾来使用。选用没有凹凸纹路的款式。

◆托盘
作为浸湿布料的容器来使用。

深度：约2cm

◆花泥或稻草捆
在底座上铺排花瓣时，用于将制作中的作品插放起来，十分方便。

花泥　　　　　　稻草捆

◆剪刀
剪底座纸及布料时使用的手工剪刀和裁布剪刀。

◆轮刀
将布裁成正方形切片时使用。

◆切割垫板
挑选标有刻度的垫板。

◆不锈钢尺
在裁剪布料等时使用。塑料尺易被划伤，请准备不锈钢尺。

◆工具的摆放

为了便于制作，工具置办齐全后，请先摆放好后再开始制作。

①托盘和百洁布（用于浸湿布料）
②切片
③百洁布（用于吸掉布料上的水分）
④稻草捆 ─┐
⑤花泥 ──┘（用于插放制作中的作品）
⑥湿海棉（用于去除粘在镊子上的浆糊）
⑦浆糊板
⑧刮刀
⑨镊子
⑩剪刀

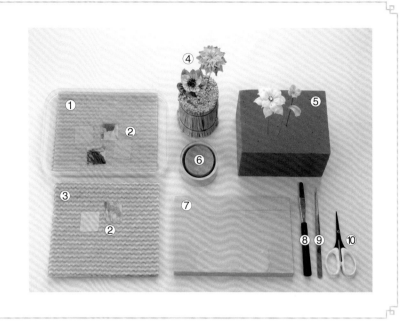

▶用于制作底座的工具

制作细工，需要铺排花瓣的底座。裁切厚纸板后，用布或和纸包裹，制作底座纸或底座。底座可直接使用，也可配合金属饰物来使用。

◆锥子	◆厚纸板	◆和纸	◆圆规刀	◆包扣胚	◆捆绑线
在底座纸上打孔，穿入包胶铁丝。	使用蛋糕盒等两面为白色有硬度的厚纸板。	在制作底座时使用。建议用云龟纸等薄型纸。	可将厚纸板裁切出所需大小的圆形，使用起来很方便。	可用布或和纸包裹，制作成底座。	在组合梳子或簪子等时使用。推荐使用极天线或釜线（▶p.47）。

◆包胶铁丝
在制作底座时使用。市面上作为造花材料售卖。使用22～28号的白、绿、茶色款。

◆保利龙球・切割刀
在制作半花球底座时使用。用泡沫切割刀将球切成两半来使用。

◆超轻黏土・量勺
在制作半花球底座时使用。

◆冲子
在制作圆形底座纸（▶p.10）时使用。大型手工材料店的皮革工艺柜台等处有售。

保利龙球
泡沫切割刀

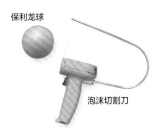

超轻黏土
量勺

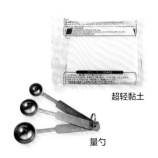

冲子
木槌
专用垫

▶布料

本书作品主要使用了真丝电力纺、真丝雪纺、精梳棉、100色丁、人造丝等。布料越厚越不易操作，因此请选用薄布。

❖布料的种类

◆真丝电力纺（100% 蚕丝）

真丝电力纺是平纹组织的纯真丝布料，购买白色布料，染色并上浆后使用。以姆米（译者注：真丝布料的重量单位，1姆米=4.3056g/m²）来表示厚度，数值越大就越厚。本书使用的是4姆米、5姆米、6姆米的布料。

※难以购买到真丝电力纺时：

如果难以购买到真丝电力纺，或觉得染色太麻烦，也可用可透光的丝巾（真丝）来替代。

◆6姆米真丝雪纺

100%真丝成分的布料，柔软、有细小的褶皱。完成的作品会有蓬松感。可以在网络上专卖店内购买到。

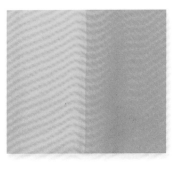

◆精梳棉（100% 棉）

薄而柔软，100%棉成分的布料。偏向于制作轻盈质感的作品。可在大型手工材料店内购买到。

◆人造丝（铜氨纤维）

具有特有的弹性及美丽光泽。是厚度适宜、易于捏制的布料。也常用于服装衬布，可在大型手工材料店内购买到。

◆EXTRA FINE 100色丁（100% 棉）

触感光滑，带有光泽垂感佳的色丁布。可在大型手工材料店或网店内购买到。

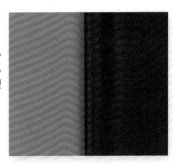

❖ 切割布料

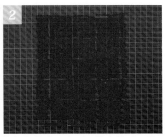

★ 裁剪真丝电力纺时

垂直于刻度放置布料，用轮刀将外露于刻度部分的布料裁掉。

将布裁剪成正方形。横向裁时，将垫板旋转90°。

将切片按尺寸、颜色分类放置好，便于取用。

裁剪4姆米真丝电力纺时，在布料下方铺半纸（日本白纸）较易操作。

❖ 浸湿布料 浸湿

※在捏制前充分浸湿切片。

百洁布

百洁布

★ 浸湿布料时的注意事项

是否需要浸湿布料，依据制作作品有所不同。
想要做出板正的效果或是使用不易捏制的布料时，需要浸湿。
想要做出蓬松感或制作捏合圆形、反剑形、樱形时，无需浸湿。

托盘

在托盘内铺上百洁布，倒入差不多刚刚没过百洁布的水，放入切片，充分浸湿。

将 中的切片放在浸湿拧干水的百洁布上，去除多余的水分。

捏制图2的切片。

◆ 准备浆糊板

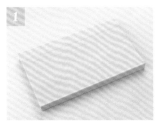

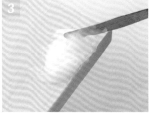

准备浆糊板。也可用牛奶盒或鱼糕板来替代。

准备浆糊和刮刀。

在浆糊板上涂抹一层浆糊。浆糊过于浓稠时，加入少量水稀释。

将浆糊均匀地搅拌涂抹开。窍门是自左向右保持固定方向涂抹。

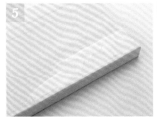

浆糊板准备好了。浆糊涂抹的厚度约为2mm，依据作品决定浆糊涂抹的范围。

将捏制好的切片放在浆糊板上。

静置10分钟左右后，开始铺排。

要经常擦拭粘在镊子上的浆糊。使用湿海绵的话较为方便。

▶ 底座纸的制作方法

现在介绍铺排花朵及叶片要用到的底座纸及完整的底座（底座纸串上铁丝）的制作方法。本书作品分为冲子圆形底座纸、布料圆形底座纸、和纸圆形底座纸，在不易买到工具及材料时，请根据自己的情况选择制作方法。

❖ 制作圆形底座纸

 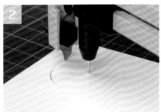 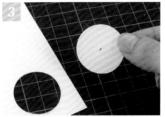 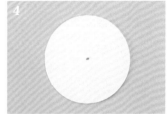

| 将圆规刀的刻度调整到所需尺寸。 | 将圆规刀对准厚纸板裁剪下来。 | 圆形底座纸就完成了。没有圆规刀时，可以用圆规画出圆形后，再用剪刀裁剪。 | 底座纸的大小依据作品有所不同。 |

❖ 制作冲子圆形底座纸　※请使用接近铺排的花朵颜色的和纸。

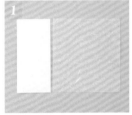    

| 准备厚纸板及和纸。 | 在和纸上用刮刀涂抹胶水，贴合在厚纸板上。 | 夹在杂志内大约1天，使其充分干燥。用纸巾将空气挤出。 | 对准冲子，用木槌敲击。 | 冲子圆形底座纸完成。底座纸大小依据作品有所不同。 |

❖ 制作和纸圆形底座纸　※请使用接近铺排的花朵颜色的和纸。

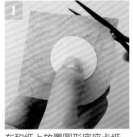  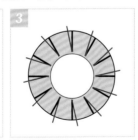 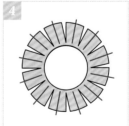 

| 在和纸上放置圆形底座卡纸，将和纸剪成圆形。 | 按红色线剪出切缝。 | 按红色线剪掉。 | 接着再对半剪出切缝。 | 按红色线斜剪下来。 |

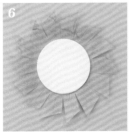    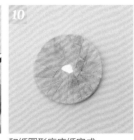

| 剪好后的样子。 | 在和纸上抹好浆糊。 | 粘贴圆形底座卡纸。 | 将和纸包裹在圆形底座卡纸上。 | 和纸圆形底座纸完成。 |

❖ 制作布料圆形底座纸

※包在圆形底座纸或底座上的布，尽可能使用薄布料
（八卦布料等 ▶ p.45）。

1	2	3	4	5
与和纸圆形底座纸（与 ▶ p.10 **1**～**3**）的做法相同，在布上剪出切缝。	在圆形底座纸上涂抹浆糊。	粘合圆形底座纸，并在布料剪切了的部分涂抹胶水。	将布料包裹在圆形底座纸上。	布料圆形底座纸完成。

❖ 制作完整底座

※底座纸串上铁丝称为"底座"。

   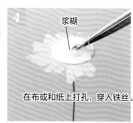 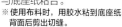 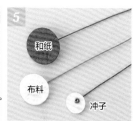

1	2	3	4	5
用锥子在圆形底座纸上打孔。	在圆形底座纸上穿入铁丝，用圆嘴钳将前端弯成圆环。	将圆环弯折成直角。涂上胶水后将铁丝与底座纸粘合并晾干。	在剪好切缝的和纸上涂抹浆糊，与底座纸粘合。 ※使用布料时，用胶水粘到底座纸背面后剪出切缝。（图中标注：浆糊；在布或和纸上打孔，穿入铁丝）	底座完成了。 ※制作纤细的作品时，使用和纸，想要表现出强度时，使用布料。（图中标注：和纸、布料、冲子）

❖ 金属配件和装饰用配件

用细工制作的饰物，不仅能搭配和服，也很适合搭配日常服装。配合发饰、胸针及小物等用途，备齐喜欢的配件吧。

◆饰品配件类

◆平底戒指托	◆平底托	◆夹扣	◆胸针、两用别针等

◆用于花芯等的配件

◆仿珍珠、人造钻石	◆珠托	◆卷金线铁丝

◆发梳	◆花式平底BB夹	◆耳环、耳挂	◆包挂

◆双齿发簪

◆金属弹簧夹

基础石膏花芯　扁头石膏花芯

石膏花芯是造花用的花芯，形状及颜色的种类很丰富。本书使用了头部呈圆形的"基础石膏花芯"和稍呈扁平的"扁头石膏花芯"。

◆石膏花芯

◆针、环扣、饰品类
完成饰品时使用。

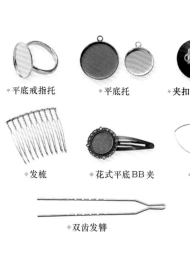 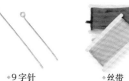 

◆9字针	◆丝带	◆C形开口圈 / ◆圆形开口圈 / ◆流苏

蓬松可爱的
圆花饰品

1 圆花戒指
p.15

A

B

C

3 八重圆花一字别针
p.18

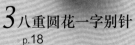

3A

3B

2A

2B

2C

2 双层圆花项链
p.16

运用细工基础"圆形"手法制作的日常饰品。
即便只是圆形手法，因花瓣数量及大小的变化，
也可呈现出不同神态的作品。

4 两用香梅夹
▶p.19

4ᴬ

4ᴮ

5ᴬ

5ᴮ

5ᶜ

5 山茶花胸针
p.20

捏制"圆形"

细工的基础制作方法分为"剑形"和"圆形"两种。首先来练习一下"圆形"。圆形的特征是明显的"折边"，重点是做出一致的折边深度。

圆形

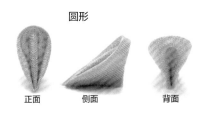

正面　　　　侧面　　　　背面

各部分的名称

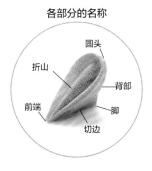

圆头
折山
背部
前端
脚
切边

❖ 圆形的捏制方法

1　浸湿

用拇指与食指夹住浸湿后的切片（▶p.9）。

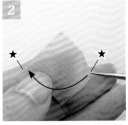

2

用镊子将切片对折，使★与★处对齐。

3

用拇指压住对齐的尖端。

4　90度

用镊子夹在布的正中，再次对折。

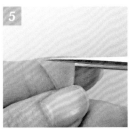

5

折好后，用拇指压着布的下方。

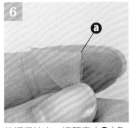

6　ⓐ

将镊子抽出。请留意（ⓐ）角的位置。

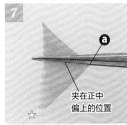

7　ⓐ

夹在正中偏上的位置

☆如图8所示将☆处打开。

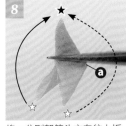

8　ⓐ

将☆分别朝箭头方向往上折，与★对齐。

9

要将8的☆与★对齐的状态。

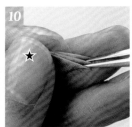

10

用食指与拇指压住★处。

11

将镊子暂时取出。

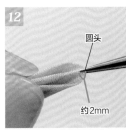

12　圆头
约2mm

捏住约2mm的圆头部分。

13

将镊子立起朝箭头方向折起。

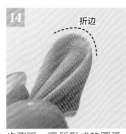

14　折边

步骤12～13所形成的圆弧称为"折边"。

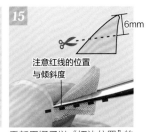

15　6mm
注意红线的位置与倾斜度

重新用镊子以"切边位置"的红线为标准夹起。

16

将镊子的前端朝向自己，换用左手拿。

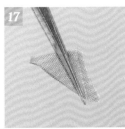

17

用剪刀剪掉布料下端。

18

裁剪的量及角度，依据作品会有所不同。

19

步骤15～18的过程称为"切边"。

20　相对浆糊板呈直角的将成品置于其上。

在浆糊板（▶p.9）上放置成品。

◆p.12 *1*

圆花戒指

1A

1B

1C

▶*1A·B·C*的材料（单个成品的材料用量）
〈布〉使用真丝电力纺8姆米
　　（花）边长2cm正方形切片×12片
〈底座〉圆形底座卡纸（直径1.5cm 厚纸板）1片、
　　　　和纸（边长3cm正方形）1张
〈花芯〉*1A*：天然石散珠（直径6mm）1粒
　　　　1B：珍珠散珠（直径2mm）6粒、（直径3mm）1粒、
　　　　　　　Artistic Wire32号铁丝→小珍珠装饰▶p.17
　　　　1C：珍珠散珠（直径6mm）1粒
〈饰物、金属配件类〉平底戒指托（直径16mm）
【完成尺寸】直径约1.9cm（花朵部分）

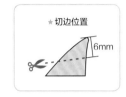

★ 切边位置

6mm

❖ 准备底座➡铺排圆形➡添加装饰物后完成

1
用和纸包裹直径1.5cm的圆形底座卡纸，制作和纸圆形底座纸（▶p.10）。

2
在平底戒指托上涂胶水粘贴和纸圆形底座纸。

3
底座的准备完成。

4
浸湿
制作圆形，以"切边位置"图示为准，进行切边（▶p.14）。

5
捏制12片圆形花瓣，放在浆糊板上。静置10分钟左右。

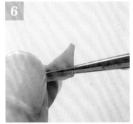
6
用左手抹去底边粘上的多余浆糊，整理好前端。

7
沿底座边缘铺排花瓣。

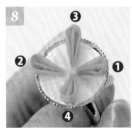
8
首先，呈十字形铺排4片。

9
剩余的花瓣，在其中1个间隔处分别铺排2片花瓣。

10
捏合花瓣的底部，整理均匀。

11
铺排余下的花瓣。

12
整理花瓣的形状与位置。

13
在珍珠的一端涂上胶水。

14
勿使胶水外溢，适量即可。

15
把珍珠粘到花的中心，完成。

双层圆花项链

2*A*

▶**2A·B·C的材料（单个成品的材料用量）**

〈布〉使用真丝电力纺4姆米、5姆米。
　外侧：（5姆米）边长2cm正方形切片 ×12片、
　内侧：（4姆米）边长2cm正方形切片 ×12片
〈底座〉圆形底座卡纸（直径1.9cm）1片、和纸（边长3.8cm正方形）1张
〈花芯〉2A：珍珠散珠（直径2mm）6粒（直径3mm）1粒
　　　　2B·C通用：珍珠散珠（直径3mm）6粒（直径4mm）1粒
　　　　2A·B·C通用：Artistic Wire32号铁丝
〈饰物、金属配件类〉2A·B·C通用：平底托（直径20mm）1个、
　　　　　　　　　　　吊坠扣1个、项链链条（45cm）1条
　　　　　　　　　　2B·C通用：吊坠（珠饰）1个
【完成尺寸】直径约2.3cm（花朵部分）

正面　　　侧面　　　背面

·双层圆形

★切边位置

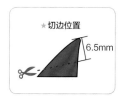

6.5mm

❖捏制双层圆形

1 浸湿

将外侧的切片对折。

2

用食指和中指夹着。

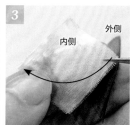

3 外侧 内侧

保持这种状态，将内侧的切片放在食指上对折。

4 内侧 外侧

将内侧的切片夹在食指与拇指间。

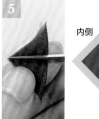

5 1mm 内侧 外侧

外侧切片与内侧切片错开1mm叠合。

6

将外侧与内侧的2块切片一起夹住对折。

7

用拇指压住。

8

用镊子由内侧布的角开始朝底边呈直角夹住。

9

依照圆形步骤7～13（▶p.14）的做法来折。

10

形成折边后的样子。

11

将露出的布料宽度整理均匀。

12

用镊子重新夹好布的下端。

13

参考"切边位置"图示，进行切边。

14

放在浆糊板上。

15

共捏制12片花瓣。

❖ 准备底座 ➡ 铺排 ➡ 加装饰物（珍珠装饰）和金属配件后完成

1
制作直径1.9cm的冲子圆形底座纸（▶p.10）。※和纸圆形底座纸也可以（▶p.10）。

2
黑色冲子底座纸因边缘为白色而特别显眼，所以要用油性笔将边涂成黑色。

3
在平底托上涂胶水，粘贴冲子圆形底座纸。

4
底座完成。

5　圆环
铺排花瓣，不要遮住平底托的圆环。

6
在对角处再铺排1片。

7
呈十字形的铺排4瓣花片。

8
剩余的花瓣在间隔处两片、两片地依次铺排。

9
从侧面看的样子。捏合花瓣的底部，整理均匀。

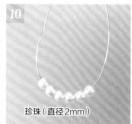

10
在铁丝上穿入6粒珍珠（直径2mm）。珍珠（直径2mm）

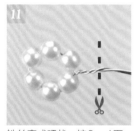

11
铁丝弯成环状，拧3~4下，剪掉多余的铁丝。

12
为防止切口散开，涂上胶水，折入环的里侧。

13
在珍珠（直径3mm）的一端涂胶水，与12粘合。

14　小珍珠装饰　大珍珠装饰
直径2mm 直径3mm
直径3mm 直径4mm
可依喜好，改变珍珠的大小来制作。

15　吊坠扣
在14底部涂胶水，粘贴在花的中心。准备好吊坠扣。

16
在吊坠扣内穿入链条，与平底托的圆环相连。

17
完成。

2B
2C
加上珠饰进行装饰。

八重圆花一字别针

3ᴬ

3ᴮ

▶3A・B的材料（单个成品的材料用量）
〈布〉3A使用真丝电力纺8姆米、3B使用人造丝
　　第1层：边长2cm正方形切片×12片、
　　第2层：边长2cm正方形切片×8片
〈底座〉圆形底座卡纸（直径2cm厚纸板）1片、
　　布（边长4cm正方形）1片
〈花芯〉3A：珠托1个、天然石散珠（直径4mm）1粒
　　3B：珍珠散珠（直径6mm）1粒
〈饰物、金属配件类〉一字别针（直径15mm）1根
【完成尺寸】直径约2.4cm（花朵部分）

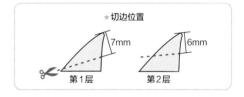

★切边位置

7mm 第1层　　6mm 第2层

❖准备底座➡铺排圆形➡添加装饰物后完成

1 用布包裹直径2cm的圆形底座卡纸，制作布料圆形底座纸（▶p.11）。

2 在一字别针上涂抹胶水。

3 在一字别针上粘贴布料圆形底座纸（平面）。

4 底座完成。

5 浸湿
以"切边位置"图示为基准，切边后放在浆糊板上
用圆形的制作方法捏制第1层的12片花瓣，放在浆糊板上（▶p.14）。

6 在底座边缘或是稍靠外侧处铺排。
在底座上涂抹厚度1mm的浆糊，沿底座边缘铺排花瓣。

7 用与圆花戒指步骤6~12的相同铺排方法，铺排12片花瓣。

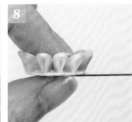

8 捏合花瓣的底部，整理均匀。

9 浸湿
用圆形的制作方法捏制第2层的8片花瓣，切边后放置在浆糊板上。

10 待第1干透后，在花瓣与花瓣的交接处呈对角状铺排4片花瓣。

11 铺排剩余的4片花瓣。

12 在珠子上涂胶水，粘贴在珠托上。

13 在珠托的下方涂胶水，粘贴在花的中心。

14 完成。

◆p.13 4

两用香梅夹

4^A

4^B

▸ **4 A·B 的材料（单个成品的材料用量）**

〈布〉使用人造丝、100色丁、精梳棉
　第1层：外侧（印花100色丁）边长3cm正方形切片 ×5片、
　　　　　内侧（精梳棉）边长3cm正方形切片 ×5片
　第2层：（印花100色丁）边长2.5cm正方形切片 ×5片
　第3层：（人造丝）边长2cm正方形切片 ×5片
〈底座〉和纸（边长5.3cm正方形）1张、布（边长4.8cm正方形）1片
〈花芯〉基础石膏花芯12个、Artistic Wire 32号铁丝
〈饰物、金属配件类〉有孔胸针底座（直径25mm）1个
【完成尺寸】直径约3.7cm（花朵部分）

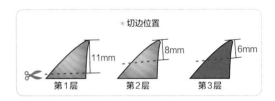

★ 切边位置

11mm | 8mm | 6mm
第1层 | 第2层 | 第3层

❖ 准备底座 ⇒ 铺排双层圆形和圆形

1

凹侧朝上

在和纸上放上有孔底座，将和纸裁剪成圆形。

2

在和纸上涂胶液，包裹住有孔底座（凹侧朝上）。

3

凹侧朝上

接着，在有孔底座上涂金属专用胶水，用裁成圆形的布将它包裹起来。

4

包好的样子。

5

用平嘴钳弯爪扣

弯折胸针的爪扣，与❹接合在一起。

6

浸湿

第1层为双层圆形，以"切边位置"图为基准切边（▸p.16）。

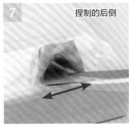

7

捏制的后侧

将花瓣的底部尽可能大地左右打开。

8

捏制的前侧

按图上曲线用镊子慢慢整理花瓣边缘。

9

在透明文件夹上铺排5片花瓣。

10

将相邻花瓣的边紧贴在一起进行铺排。

11

铺排完5片花瓣后的样子。

12

浸湿

捏制第2层的圆形，切边并置于浆糊板上。

13

在第1层花瓣的中心铺排第2层的花瓣。

14

将底部的两边左右打开。

15

铺排好第2层，干燥到可取下来的程度（半干）后，从透明文件夹上取下花朵。

❖ 继续铺排 → 添加装饰及金属配件后完成

16 在花朵的反面涂胶水，与有孔底座粘贴在一起。

17 制作第3层的圆形，切边并放在浆糊板上。清理掉多余的浆糊，移至牛奶盒上干燥。

浸湿

18 干透后，如果花瓣的底部带有浆糊硬块，用剪刀剪切整理。

19 前端涂上浆糊，将花瓣的侧面作为正面，铺排在第2层花瓣与花瓣的交接处。

20 第3层铺排完成后的样子。

21 将石膏花芯对齐拿好，在花芯头部下方涂上胶水。

22 用铁丝将花芯缠起来，拧紧固定。将多余的铁丝剪掉。

剪掉铁丝下面的花芯杆。

23 为防止切口散开，剪切的部分涂上胶水卷在花芯上。剪掉花芯杆。

24 在铁丝处涂上胶水。

25 将花芯粘到花朵中心完成。

◆ p.13 **5**

山茶花胸针

5C

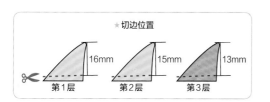
★ 切边位置

第1层 16mm
第2层 15mm
第3层 13mm

▶ **5A·B·C的材料**（单个成品的材料用量）

〈布〉使用6姆米真丝雪纺
　第1层：边长4.5cm正方形切片 ×6片
　第2层：边长4cm正方形切片 ×6片、第3层：边长3.5cm正方形切片 ×3片
〈底座〉圆形底座卡纸（直径3cm的厚纸板）1片、布（边长6cm正方形）1片
〈花芯〉基础石膏花芯30根、Artistic Wire32号铁丝
〈饰物、金属配件类〉胸针（25mm）1个、
斜纹真丝缎带（宽度16mm）11cm×1条、6cm×2条
[完成尺寸] 直径约5.2cm（花朵部分）

正面　　　侧面　　　背面

· 捏合圆形

❖ 捏制圆形 → 铺排

1 捏制圆形，不要浸湿布料。

2 以"切边位置"图示为准进行切边（▶ p.14）。

3 朝"→"方向拉5次镊子。

4

裁剪边缘涂抹浆糊

镊子上移1mm，用左手食指在裁剪边缘涂抹浆糊。

5

将镊子滑动般的朝←方向拉拔。

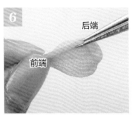

6

后端

前端

将裁剪边缘朝上，压住花瓣的前端与后端。

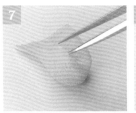

7

将后端的两边慢慢打开，保持这种状态待其干燥。

8

☆

★

将边缘（★）向内折叠，另一侧（☆）也用同样方式折叠。

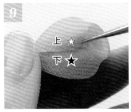

9

上 ★

下 ★

在重叠部分（★）涂浆糊，将★与☆粘在一起。

10

用镊子夹住。

11

背面

粘稳后，待其干燥。

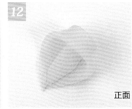

12

正面

正面完成效果。

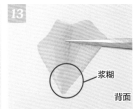

13

浆糊

背面

在花瓣的背面涂浆糊。

14

在透明文件夹上铺排6片花瓣。

15

第2层铺排在第1层花瓣与花瓣的交接处。

16

※

※的部分在上，叠加第2片花瓣。

17

同样的方法铺排6片。

18

尽可能在第2层花瓣与花瓣的交接处，均衡地铺排3片。

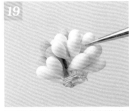

19

用30根基础石膏花芯制作花芯（▶ p.20 "两用香梅夹" 21 ~ 24 ）。

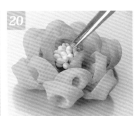

20

把花心粘到花朵中心。

21

在胸针上涂金属专用胶后粘贴在布料圆形底座纸（▶ p.11）的平整面上。

22

两端重叠5mm，用胶水粘好。

将11cm长的缎带作成环形，用胶水固定。在环的内侧涂上胶水。

23

将2条6cm长的缎带重叠成倒V字粘在环内侧，再涂胶水将其与环粘贴在一起。

24

在 21 上涂胶水，粘贴缎带，并将缎带下方剪出斜角。

25

在缎带中心涂胶水，与花朵粘贴在一起。完成。

5ᴬ

5ᴮ

变换花瓣及花芯的颜色，制作专属于你的独创作品。

帅气可爱的
剑花饰品

6A

6 剑花项链
▶p.25

6B

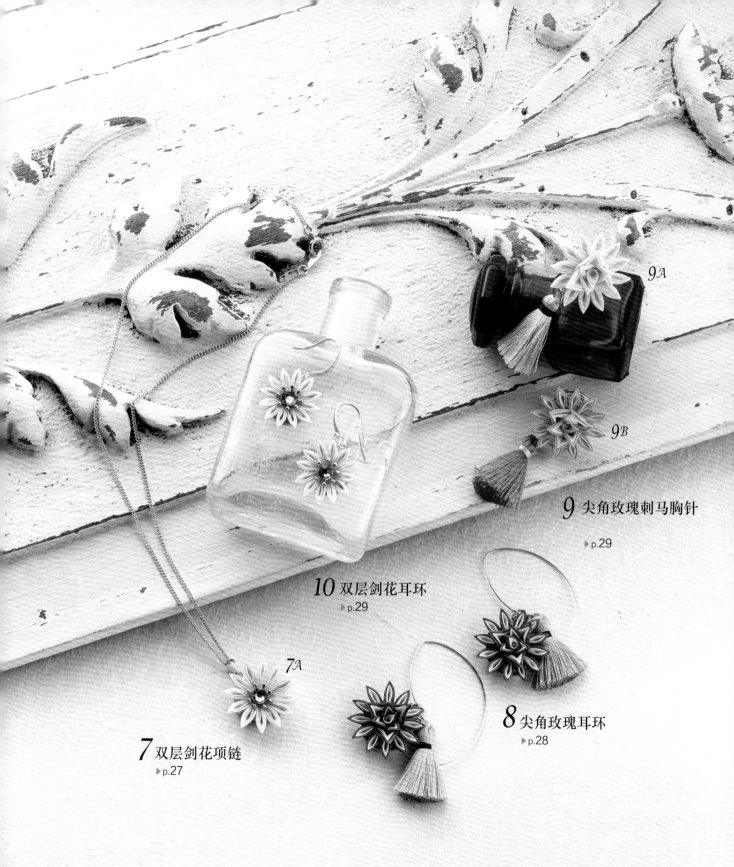

9ᴬ

9ᴮ

9 尖角玫瑰刺马胸针
▶p.29

10 双层剑花耳环
▶p.29

7ᴬ

8 尖角玫瑰耳环
▶p.28

7 双层剑花项链
▶p.27

运用"剑形"制作的饰品，比圆形作品感
觉更为端正。如果在花芯的装饰上使用珍珠、
宝石的话，会非常适合成熟女性佩戴。

捏制 "剑形"

学会 "圆形" 后，接着让我们一起练习 "剑形" 吧。剑形就是将布片仔细折成三角形的捏制方法。制作重点是用力拉拔镊子，让剑尖突出直立。

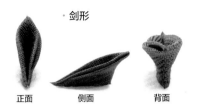

剑形

正面　　　侧面　　　背面

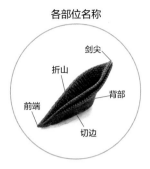

各部位名称

剑尖
折山
前端
背部
切边

❖ 剑形的捏制方法

浸湿

1 准备好浸湿的切片（▶p.9）。

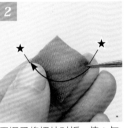

2 用镊子将切片对折，使★与★处对齐。

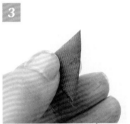

3 压住对齐的尖端。

4 用镊子夹住切片的正中。

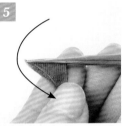

5 从夹住的部分对折，用拇指压住。

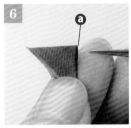

6 抽出镊子。请留意角（ⓐ）的位置。

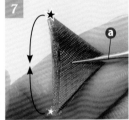

7 夹住切片正中，对齐★与☆处，再次对折。

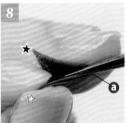

8 用拇指和食指夹住☆处，用中指夹住★处。

9 保持这样折好。

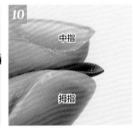

10 折好后，用拇指和中指捏住切片，抽出镊子。

中指
拇指

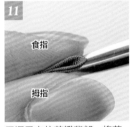

11 用镊子夹住花瓣背部，将花瓣夹在拇指和食指间。

食指
拇指

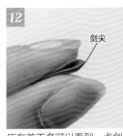

12 压在差不多可以看到一点剑尖的位置上。

剑尖

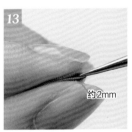

13 用镊子夹住约2mm剑尖。

约2mm

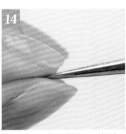

14 指尖施力夹紧镊子。此时，布块隐藏在手指间。

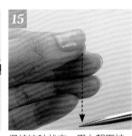

15 保持这种状态，用力朝下拉拔镊子若干次。

16 以 "切边位置" 图示为基准，用镊子重新夹住。

6mm

17 将镊子尖朝向自己，换至左手。

18 用剪刀剪掉布的下端。

19 裁剪的量，依据作品有所不同。步骤16～19的制作称之为 "切边"。

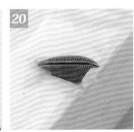

20 在浆糊板（▶p.9）上放置成品。

剑花项链

6A

6B

▶6A・B的材料（单个成品的材料用量）
〈布〉使用人造丝
　　（大花）边长2.5cm正方形切片×20片
　　（小花）边长2cm正方形切片×16片×2朵＝共计32片
〈底座〉（大花）包扣胚（直径24mm）1个、
　　　　和纸（边长5.4cm正方形）1张
　　　（小花）包扣胚（直径20mm）2个、和纸（边长4.3cm正方形）2张
　　　厚纸板（2.5cm×7.5cm四方形）2块、纸样、指甲油（黑）
〈花芯〉6A：珍珠散珠（直径4mm）1粒、（直径3mm）3粒、
　　　　亚克力爪钻2个
　　　　6B：珍珠散珠（直径3mm）13粒、（直径4mm）2粒、
　　　　Artistic Wire 32号铁丝→大珍珠装饰▶p.17
〈饰物、金属配件类〉平底托（直径25mm）1个、
　　　平底托（直径20mm）2个、链条（25cm）2条、
　　　C形开口圈4个、弹簧扣1个、连接片1个
【完成尺寸】大花：直径约3.7cm、小花：直径约3cm

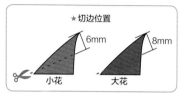

★切边位置

6mm

8mm

小花　　　大花

❖ 准备底座（和纸包扣）

1 准备平底托、包扣胚、和纸。

2 将和纸裁剪成圆形以便包裹包扣。

3 和纸整面涂上胶水。

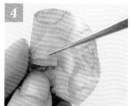

4 用和纸将包扣胚（凹侧朝上）包裹起来。

5 包好的样子。

6 和纸包扣完成。

7 胶水
在平底托上涂抹胶水，粘贴和纸包扣。

8 底座完成。

9 大花（直径25mm）　小花（直径20mm）　小花（直径20mm）
大花也制作相同的底座，共准备3个。
和纸的颜色要配合要做的花朵的颜色。

❖ 准备项链的底座

1 将2块厚纸板用胶水粘合
准备2块厚纸板和复印的纸样、指甲油、晾衣夹。

2 将2块厚纸板用胶水粘合，对准纸样（用浆糊临时固定），用剪刀裁剪。

3 用指甲油将两面涂黑。

4 一半一半地涂，用晾衣夹等边干燥边操作，这样不会弄脏手。

5 项链的底座完成。

❖铺排剑形➡添加装饰和金属配件后完成

小花是制作剑形后，以"切边位置"的图示为基准切边，并放在浆糊板上（▶p.24）。

在小花的底座上涂厚度1mm的浆糊。

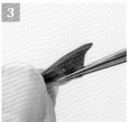
用左手抹去粘在底部边缘的多余浆糊，整理前端。

呈对角铺排2片花瓣，不要遮挡住平底托的圆环。

沿平底托边缘铺排花瓣。

呈十字形铺排4片花瓣。

剩余的花瓣，在间隔内3片、3片地依次铺排。

小花共铺排16片。

用手指将花瓣整理平整。

背面的样子。

制作2个小花。大花共铺排20片花瓣。

将小花B的圆环朝上，小花A的圆环隐藏在小花B下面，粘贴在底座上。

大花的圆环朝上，粘贴在底座上。

步骤13完成后的背面。

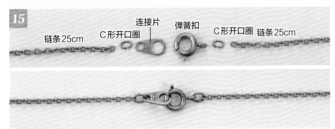
用钳子将链条、C形开口圈、连接片连在一起。将弹簧扣、C形开口圈、链条连接起来。

用C形开口圈分别将大花与小花B的圆环与链条相连。

分别在花朵上粘贴珍珠散珠、亚克力爪钻。

完成。

【底座的纸样】

双层剑花项链

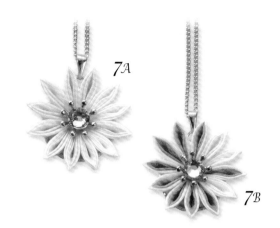

7A

7B

▶7A・B的材料（单个成品的材料用量）
〈布〉使用真丝电力纺5姆米、8姆米
外侧：（8姆米）边长2cm正方形切片×12片
内侧：（5姆米）边长2cm正方形切片×12片
〈底座〉包扣胚（直径15mm）1个、和纸（边长3.2cm正方形）1张
〈花芯〉珠托1个、人造钻石（直径4.7mm）1粒
〈饰物、金属配件类〉平底托（直径15mm）1个、
吊坠扣1个、项链链条（40cm）1条
【完成尺寸】直径约2.4cm（花朵部分）

正面　　　　侧面　　　　背面

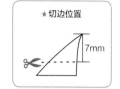

★切边位置

7mm

・双层剑形

❖ 捏制双层剑形

1 内侧　浸湿

将内侧的切片对折。

2

接着再次对折。

3

用食指与中指夹住内侧的切片。

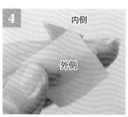

4 内侧　外侧

保持这种状态，将外侧的切片放在食指上，用步骤**1**~**2**的方法折叠。

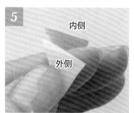

5 内侧　外侧

将外侧的切片用食指和拇指夹住。

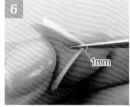

6 1mm

用镊子夹住内侧切片，比外侧切片朝里错开1mm左右叠合。

7

接着再将2块切片一起对折。

8

按照剑形步骤**9**~**15**（▶p.24）的制作要点来捏制。

9

参考"切边位置"的图示切边（▶p.24**16**~**19**）。

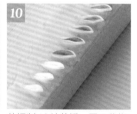

10

共捏制12片花瓣，置于浆糊板上。

❖ 铺排 ➡ 加装饰和金属配饰完成

1

在和纸包扣底座（"剑花项链"步骤**2**~**8** ▶p.25）上涂抹浆糊。

2

沿顺时针方向铺排12片花瓣。

3

在人造钻石上涂胶水，粘贴在珠托上。

4

在花芯上涂胶水后，粘贴在花朵的中心。

5 链条　吊坠扣

连接链条和吊坠扣后完成（▶p.17）。

尖角玫瑰耳环

8

▶8的材料（一对成品的材料用量）

〈布〉 使用真丝电力纺4姆米、8姆米

第1层：外侧（8姆米）边长2cm正方形切片×24片、
　　　　内侧（4姆米）边长2cm正方形切片×24片

第2层：外侧（8姆米）边长2cm正方形切片×6片、
　　　　内侧（4姆米）边长2cm正方形切片×6片

第3层：外侧（8姆米）边长2cm正方形切片×6片、
　　　　内侧（4姆米）边长2cm正方形切片×6片

第4层：外侧（8姆米）边长2cm正方形切片×2片、
　　　　内侧（4姆米）边长2cm正方形切片×2片

〈底座〉包扣胚（直径15mm）2个、和纸（边长3.2cm正方形）2张

〈饰物、金属配件类〉平底托（直径15mm）2个、
　异形耳环（约45mm×25cm）2个、麻花开口圈（5mm）2个、
　迷你流苏（20mm）2个

【完成尺寸】直径约2.5cm（花朵部分）

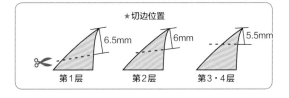

★切边位置

第1层　6.5mm　第2层　6mm　第3・4层　5.5mm

❖ 铺排双层剑形

与"双层剑花项链"（▶p.27）同样方式铺排第1层的12片花瓣，待其干燥。

第2层为3片花瓣，搭在第1层上。

打开第2层花瓣的底部。

铺排时★处在外，整理成三角形。

第3层也同样在花瓣与花瓣之间铺排。

❖ 铺排袋形 ➡ 添加装饰和金属配件后完成

第4层首先是捏制双层剑形，放置在浆糊板上。

抹去多余的浆糊，打开底部。用镊子夹住☆处。

将☆处折入内侧，往里滚动着卷起来。

在★处的内侧尖端涂抹浆糊，在☆处重叠着牢牢地压住。

抽出镊子，重新夹住。

在步骤5的成品上涂抹浆糊，插入花的中心。共制作2朵花。

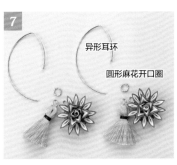

异形耳环

圆形麻花开口圈

用圆形麻花开口圈将耳环与玫瑰花、流苏连接起来。

完成。

◆p.23　9

尖角玫瑰刺马胸针

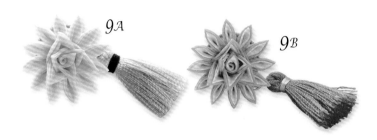

9A

9B

▶9.A·B的材料（单个成品的材料用量）
〈布〉与8相同
〈底座〉包扣胚（直径15mm）1个、
　和纸（边长3.2cm正方形）1张
〈饰物、金属配件类〉平底托（直径15mm）1个、
　圆形刺马胸针套件（8mm）1个、
　迷你流苏（20mm）1个
【完成尺寸】直径约2.5cm（花朵部分）

❖铺排尖角玫瑰➡添加金属配件后完成

1 准备做好的"尖角玫瑰"（▶p.28）、流苏、圆形刺马胸针套件。

2 在玫瑰花的下方连接流苏。

3 在圆形刺马胸针配件上涂抹胶水。

4 粘在玫瑰花底座的背面。

5 完成。

◆p.23　10

双层剑花耳环

10

▶10的材料（一对成品的材料用量）
〈布〉使用真丝电力纺5姆米、8姆米
　（花）外侧：（8姆米）边长2cm正方形切片×24片、
　　内侧：（5姆米）边长2cm正方形切片×24片
〈底座〉包扣胚（直径12mm）2个、和纸（边长2.5cm正方形）2张
〈花芯〉珠托2个、人造钻石（直径4.7mm）2个
〈饰物、金属配件类〉平底托（直径12mm）2个、耳环配件2个
【完成尺寸】直径约1.7cm（花朵部分）

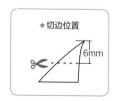

★切边位置

6mm

❖铺排双层剑花➡添加装饰物和金属配件后完成

1 与"双层剑花项链"（▶p.27）相同，铺排12片花瓣。

2 用胶水粘贴花芯装饰（▶p.27）

3 打开耳环的开口圈与平底托相连。

4 完成。

美好寓意的半花球

11 八重菊包挂
▶p.31

11A

11B

在细工中，运用剑形和双层剑形制作
八重菊包挂。

八重菊包挂

11A

▶ *11A*的材料（单个成品的材料用量）

〈布〉使用八卦布料（▶p.45）、真丝雪纺6姆米
  第1层：（八卦布料）边长2.5cm正方形切片×12片
  第2层：外侧（八卦布料）边长3cm正方形切片×12片、
    内侧（真丝雪纺）边长3cm正方形切片×12片
  第3层：外侧（八卦布料）边长3.5cm正方形切片×12片、
    内侧（真丝雪纺）边长3.5cm正方形切片×12片
〈底座〉半花球底座E（直径30cm）1个→制作方法▶p.38～39、
  布（边长7cm正方形）1块、白色不织布（直径30mm·厚度约
  1.5mm）2块、包胶铁丝（22号）12cm×1根
〈花芯〉珍珠散珠（直径3mm）6粒、（直径4mm）1粒、
  Artistic Wire32号铁丝→大珍珠装饰▶p.17
〈饰物、金属配件类〉包挂金属配件（12.5cm）1条、
  镂空配饰（35mm）1个、圆形开口圈（0.8·5mm）2个、
  9字针（0.6·20mm）1根
  切面珠（直径10mm）1粒、流苏（65mm）1个
【完成尺寸】直径约5.5cm（花朵部分）

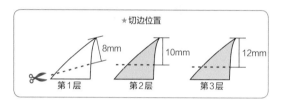

★切边位置
8mm 第1层　10mm 第2层　12mm 第3层

❖ 准备底座（布料半花球底座）

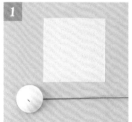
1 准备半花球底座E（▶p.38）和布。

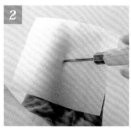
2 在布的中心钻一个穿铁丝用的孔。

3 穿入半花球底座。

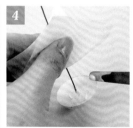
4 在半花球底座的整个背面上涂胶水。

5 与布粘合。胶水会透过布料时，使用喷雾上浆剂。

6 将布块四周裁成圆形。

7 与和纸圆形底座纸的制作步骤**2**～**5**（▶p.10）相同，在布上剪出切口。

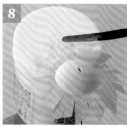
8 在布的切口部分涂上胶水。在瓶盖等上面进行操作会较易涂抹。

9 将切口部分粘贴起来。凹凸很明显的地方，用剪刀修剪平整。

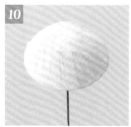
10 底座与布紧密粘合在一起，完成布料半花球底座。

❖铺排

1 捏制第1层的剑形,以"切边位置"图示为基准,进行切边(▶p.24)。

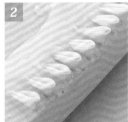

2 捏制12片,置于浆糊板上。

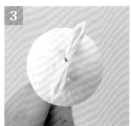

3 呈对角铺排2片花瓣。

4 将底座旋转360度,在左右对称的位置上铺排。

5 继续呈对角铺排2片花瓣。

6 剩余的花瓣在花瓣之间两片两片地依次铺排。

7 用手指压平整,待其干燥。

8 第2～3层为双层剑形,以"切边位置"图示为基准,进行切边(▶p.27)。置于浆糊板上。

9 第2层是在第1层的花瓣之间顺时针铺排。

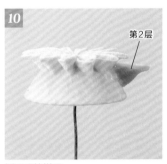

10 侧面看的样子。

11 用镊子打开花瓣,整理均匀。

12 侧面看的样子。将花瓣的位置整理均匀。

13 第3层也同样按顺时针方向进行铺排。

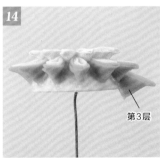

14 第3层是外露于底座的。

15 第3层铺排结束。

16 将花瓣的位置整理均匀。

17 制作大珍珠装饰(▶p.17),用胶水粘合

❖安装金属皮筋后完成

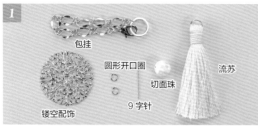

1 准备包挂、镂空配饰、2个圆形开口圈、9字针、切面珠、流苏。

包挂
圆形开口圈
切面珠
流苏
镂空配饰
9字针

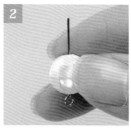

2 将9字针穿入切面珠。

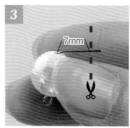

3 将9字针弯成直角。留出7mm，剪掉多余的部分。

7mm

4 用圆嘴钳夹住一端，扭转手腕顺势弯折成圆环。

5 珠饰制作完成。

6 用圆形开口圈分别将各个配件相连。

7 将底座的铁丝紧贴底边剪下。

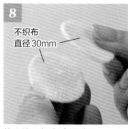

8 将2片不织布（用冲子▶p.10或用剪刀裁剪）用胶水粘贴在一起。

不织布
直径30mm

9 在底座的背面涂上胶水，粘贴不织布。

10 在镂空配饰上涂抹金属专用胶水，将**9**中的成品粘贴起来。

11 完成。

▶**11B的材料**（单个成品的材料用量）
〈布〉使用八卦布料（▶p.45）、真丝雪纺6姆米
　第1层：（八卦布料）边长2.5cm正方形切片×12片
　第2层：外侧（八卦布料）边长3cm正方形切片×12片、内侧（真丝雪纺）边长3cm正方形切片×12片
　第3层：外侧（八卦布料）边长3.5cm正方形切片×12片、内侧（真丝雪纺）边长3.5cm正方形切片×12片
〈底座〉半花球底座E（直径30cm）1个→制作方法▶p.38~39、布（边长7cm正方形）1块、白色不织布（直径30mm·厚度约1.5mm）2块、包胶铁丝（22号）12cm×1根
〈花芯〉珍珠散珠（直径3mm）6粒、（直径4mm）1粒、Artistic Wire32号铁丝→大珍珠装饰▶p.17
〈饰物、金属配件类〉包链金属配件（12.5cm）1条、镂空配饰（35mm）1个、圆形开口圈（0.8·5mm）2个、链条（4.8cm·6.5cm）各1条、小叶片装饰3个、天然石散珠 3粒、Artistic Wire28号铁丝
【完成尺寸】直径约5.5cm（花朵部分）

11B

纤细美丽的半花球

12 千菊胸针
▶p.35

13 千菊项链
▶p.37

13B

13A

和式糕点般圆滚滚的半花球胸针与项链。
让我们慢慢地仔细铺排整形吧。

◆p.34 *12*

千菊胸针

12

▶*12*的材料（单个成品的材料用量）

〈布〉使用真丝电力纺4姆米、8姆米
　第1层：（8姆米）边长2cm正方形切片×15片
　第2～5层：
　　　　外侧（8姆米）边长2cm正方形切片×15片×4层用量＝共计60片
　　　　内侧（4姆米）边长2cm正方形切片×15片×4层用量＝共计60片
〈底座〉半花球底座C（直径25mm）1个→制作方法▶p.38～39、
　　　　和纸（边长6.2cm正方形）1张、包胶铁丝（24号）12cm×1根
〈花芯〉珍珠散珠（直径3mm）3粒
〈饰物、金属配件类〉镂空胸针底座（29mm）1个
【完成尺寸】直径约3.9cm（花朵部分）

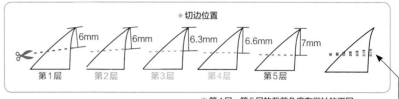

★切边位置

6mm　6mm　6.3mm　6.6mm　7mm

第1层　第2层　第3层　第4层　第5层

※第1层～第5层的裁剪角度有微妙的不同
　一层比一层倾斜更大角度进行裁剪

❖准备底座（和纸半花球底座）➡铺排

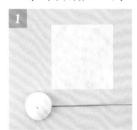

1
准备半花球底座C与和纸。

2
在和纸上开孔，穿入半花球底座，剪开口（参考和纸圆形底座纸的步骤❷～❺▶p.10）。

3
将步骤❷中的和纸从底座上取下来，涂抹浆糊。

4
将和纸穿入半花球底座粘合。

5
将底座与和纸粘贴在一起，和纸半花球底座完成。

6
浸湿
第1层为剑形，以"切边位置"图示为基准切边（▶p.24）。

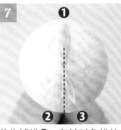

7
首先铺排❶，在其对角线的两侧铺排❷❸。

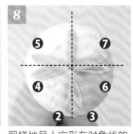

8
同样地呈十字形在对角线的两侧铺排❹～❻。

9
从侧面看的样子。

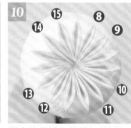

10
剩余的花瓣在花瓣与花瓣间两片两片地依次铺排。共铺排15片。

11
用镊子将花瓣均匀地打开整理。

12
用手指按压平整，待其干燥。

13
浸湿
第2～5层是双层剑形，以"切边位置"图示为标准切边（▶p.27）。

14
第2层是在第1层的花瓣间顺时针铺排。
第2层

15
从侧面看的样子。
第2层

❖铺排➡添加装饰

16

将花瓣均匀打开整理。

17

铺排完第2层后的样子。

18

从侧面看的样子。

19

第3层

第3层是在第2层花瓣之间顺时针铺排。

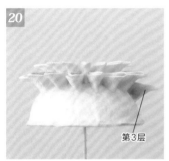

20

第3层

从侧面看的样子。

21

铺排完第3层的样子。

22

从侧面看的样子。

23

第4层

第4层是在第3层的花瓣之间顺时针铺排。

24

第4层

从侧面看的样子。

25

第4层铺排完的样子。

26

从侧面看的样子。

27

第5层

铺排第5层时不要外露于底座边缘太多。

28

第5层完成铺排后的样子。将外形整理美观。

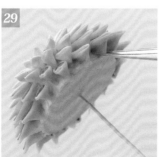

29

将花瓣的位置整理均匀。

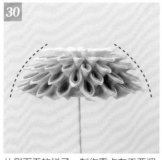

30

从侧面看的样子。制作重点在于要调整花瓣的切边,使半花球各层花瓣边缘形成的曲线柔和。

31

在珍珠散珠上涂胶水后粘贴在花朵的中心。

❖添加金属配件后完成

1

2

3

4

紧贴底座将铁丝剪下来。

在底座反面涂抹金属专用胶水。

粘贴镂空胸针底座。

完成。

◆p.34　*13*

千菊项链

▶ *13A · B*的材料（单个成品的材料用量）
〈布〉与12相同
〈底座〉与12相同
〈花芯〉珠托1个、人造钻石（直径4.7mm）1个
〈饰物、金属配件类〉平底托（直径25mm）1个、吊坠扣1个、
　　项链链条（63cm）1条、白色不织布（直径24mm·厚度约1.5mm）1片
【完成尺寸】直径约3.9cm（花朵部分）

13A　　*13B*

❖ 准备底座➡铺排千菊➡添加金属配件后完成

1　不织布
　　直径24mm

2

3

在平底托上涂抹金属专用胶水粘贴不织布。

在不织布上涂抹胶水。

粘贴千菊花朵（▶p.35）。

4

5

6

牢牢按住待干。

在吊坠扣上穿入链条，与平底托的圆环相连。

完成。

◆ "半花球"的底座

在细工中，使用半球状底座制作而成的花朵称为"半花球"。本书使用的是超轻黏土制作的底座，但一般较易购买到的保利龙泡沫球也同样可以用来制作。

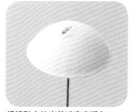
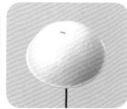

超轻黏土的半花球底座插台　　　保利龙球的半花球底座插台

❖ 用超轻黏土制作半花球底座

1 准备超轻黏土、量勺、圆形底座纸（直径30mm）、保鲜膜、包胶铁丝。

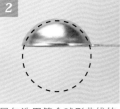

2 量勺选用符合球形曲线的勺。

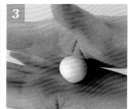

3 将超轻黏土揉成圆球。

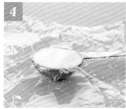

4 将保鲜膜盖在量勺上，在量勺中填满超轻黏土。

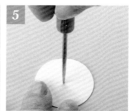

5 用锥子在圆形底座纸的中心打孔。

6 将圆形底座纸对齐盖在黏土上。

7 将量勺翻面，紧紧地按压将黏土与底座纸粘贴在一起。

8 取出黏土。将铁丝从圆形底纸的下方（**5**）穿透底座。

9 将突出的部分弯折。

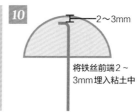

10 将铁丝往下拉，固定在黏土里。

将铁丝前端2～3mm埋入黏土中

11 将凹陷的部分用胶水填补后待其干燥。

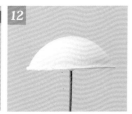

12 完成。图片为半花球底座E（参考右页）。

◆制作半花球底座B、D(参照右表)时

制作方法相同，但步骤**6**中的圆形底座纸碰不到黏土时，请用右侧图示方法来制作。

1 在圆形底座纸上涂抹胶水粘合。

2 完成。图片为半花球底座D。

❖ 用保利龙球制作半花球底座

1 将保利龙球用泡沫切割刀切割（切割位置参考右页）。

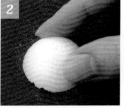

2 用砂纸将切割面磨去1～2mm，使表面平整。

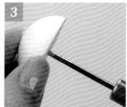

3 用锥子在中心打一个穿铁丝的孔。

4 在圆形底座纸上涂胶水，与保利龙球粘合。

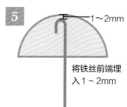

5 将铁丝弯成倒U字形后固定，并将凹陷处用胶水填补后待其干燥。

将铁丝前端埋入1～2mm

❖ 半花球底座（超轻粘土 · 保利龙球）尺寸简表

	圆形底座纸的尺寸	超轻黏土的形状	量勺标准	保利龙球的切割位置	包胶铁丝的型号	和纸 · 布的尺寸
A	15mm	6mm	1/4小勺（1.25ml）	大约为球的1/2　15mm	24号	37mm × 37mm
B	22mm	6mm	1/2小勺（2.5ml）	大约为球的1/3　25mm	24号	50mm × 50mm
C	25mm	11mm	1/2小勺（2.5ml）	大约为球的1/2　25mm	24号	62mm × 62mm
D	27mm	8mm	1小勺（5ml）	大约为球的1/3　30mm	22号	65mm × 65mm
E	30mm	12mm	1小勺（5ml）	大约不到球的1/2　30mm	22号	70mm × 70mm

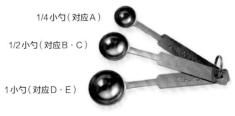

1/4小勺（对应A）

1/2小勺（对应B · C）

1小勺（对应D · E）

量勺有各种类型，多少会有些误差。请依照上表为标准进行调整。

此部分为"半花球底座"。

怀旧现代派的红与蓝

运用菱形制作的尖角花朵耳挂、发夹和耳夹。

红色的发夹（15A）使用了古董和服面料、蓝色发夹（15B·C）与耳夹（16）使用了蓝染真丝电力纺。

16 菱形花耳挂
▶ p.46

14 菱形花耳挂
▶ p.41

15 优美的大丽花发夹
▶ p.44

15B

15C

15A

◆p.40 *14*

菱形花耳挂

14

▶*14*的材料（单个成品的材料用量）
〔布〕 使用真丝电力纺4姆米、花色真丝电力纺（羽里布料▶p.45）
〔底座〕（花）边长4cm正方形切片×5片×2朵=共计10片
不织布（习字垫 黑色·直径12cm·厚度约2mm）2个
〔花芯〕珠托2个、天然石散珠（直径4mm）2粒
〔饰物、金属配件类〕平盘托（直径12mm）2个、耳挂【约60×（20~30）mm】1个、圆形开口圈（0.6·3mm）3个、带夹扣的羽毛2根
【完成尺寸】 直径约3.2cm（花朵部分）

★切边位置

·菱形

正面

侧面

背面

❖ 捏制菱形

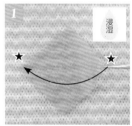
用镊子捏住布尖，将★与★对齐。

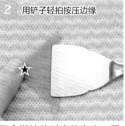
用食指按住对齐的布尖。用铲子压住折叠部分。

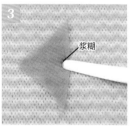
用刮刀取少许浆糊，涂在中心。

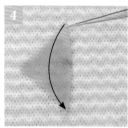
用镊子捏住布尖对折。

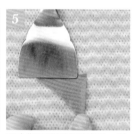
用食指压住对齐的布尖，用铲子以与步骤2同样的方式压住布。

将切片拿到手中，将★与★对齐再对折。

依照剑形的步骤10~15（▶p.24）的制作要点进行捏制。

将剑尖拔尖。

再将镊子斜夹在图示位置。

打开步骤7中★的部分。

用拇指和食指捏住布尖，将★与☆对齐。

对齐后的样子。

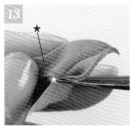
抽出镊子，夹住除★标记以外的布。

另一侧也与步骤11~12相同，对齐13中的★与☆。

左右整理对称。

41

16	17	18	19
参考"切边位置"的图示重新夹住。	镊子头部朝向自己,换用左手拿。	切边。	共捏制5片花瓣,置于浆糊板上。

★ 切边时的注意事项

切边时,勿切到●以上!
(基础捏制方法活用的通用规则)

❖ 准备底座 → 铺排花朵 → 添加装饰物与金属配件后完成

1 在平底托上涂抹胶水。

2 粘贴不织布(用冲子 ▶ p.10 或用剪刀剪出)。

毛毡
直径12mm

3 沿底座边缘铺排花瓣。

4 沿顺时针方向铺排5片花瓣。

5 侧面的样子。

6 将用胶水粘合珠子的珠托而成的花芯(▶ p.18)贴在花朵中心处。

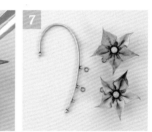

7 准备耳挂2个、圆形开口圈和2朵花。

8 用圆形开口圈将花朵配件相连。

9 将2个羽毛配件穿入圆形开口圈内。

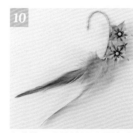

10 在花的下方连接羽毛配件后完成。

◆ 真丝电力纺的染色

此处介绍用酸性染料染制真丝电力纺（100％真丝）的方法。能够自己动手染制真丝电力纺，可以扩展作品的范围。

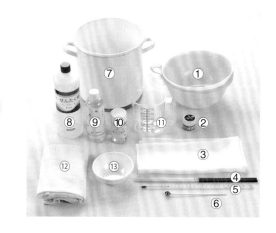

酸性染料

• 材料
①碗（直径22cm）3只 ②酸性染料（Roopas A COLOR）
③真丝电力纺 5姆米… 长1m×宽110cm（约21g）对半裁剪
④长筷子 ⑤温度计 ⑥染色用量勺0.5ml ⑦锅（不锈钢或珐琅材质）
⑧上浆剂 ⑨固色剂（酸性助染剂）⑩60％醋酸⑪量杯
⑫毛巾 ⑬珐琅碗（直径10cm）1只

❖ 染色方法

1
B=1L水+2cc固色剂
A=水 C=水+上浆剂

准备3只碗，并在A内加入水、B内加水+固色剂、C内加入水+上浆剂。

2
洗去布料上的浆糊或污渍，并将布料浸入A碗内的水中。

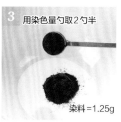

3 用染色量勺取2勺半
染料=1.25g
在珐琅碗内加入染料。

4
加入75cc热水，充分搅拌溶解。

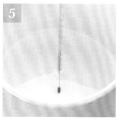

5
在锅内加入1.5L水，烧至30～40℃。

6
在热水中加入步骤**4**的染料。

7
接着，加入醋酸（染色用量勺：1勺）后搅拌。

8 开始用中火，到约90℃时转小火，继续煮20～30分钟
将布料放入锅中，用长筷子边搅边染，以免发生染色不均匀。

9
将布料从锅中取出，用流水冲洗至不再掉色。

10
轻轻地挤干。

11 浸泡15～20分钟，时不时地翻动布料
放入B碗内，进行固色。完成后用流水冲洗布料，轻轻地挤干。

12
将布料放入C碗内浸泡上浆。轻轻地挤干，用毛巾吸去水分阴干。

13
在稍潮湿的状态下用电熨斗整熨。

完成。
放入透明塑料袋内保存。

※酸性染料可在大型手工材料店或染料专卖店内购买到。
※根据布的重量变换染料・药剂的用量。请依照使用说明来计算。
※上浆的硬度请依据作品需要进行调整。
※裁剪布料后，喷上衬衫用喷雾上浆剂后熨烫，上浆效果更佳。

优美的大丽花发夹

15ᴀ

▶**15ᴀ的材料**（单个成品的材料用量）
〈布〉使用古布（胴里布料：红色真丝电力纺、
羽里布料：花色真丝电力纺▶p.45）
第1层：边长4.5cm正方形切片×5片
第2～3层：边长5cm正方形切片×10片
第4层：边长5cm正方形切片×10片
〈底座〉半花球底座D（直径27mm）1个 →制作方法▶p.38～39、
布（边长6.5cm正方形）1块、包胶铁丝（22号）12cm×1根
〈花芯〉珠托1个、天然石散珠（直径6mm）1个
〈饰物、金属配件类〉夹扣（直径20mm）1个、
发夹（85mm）1个
【完成尺寸】直径约6.8cm（花朵部分）

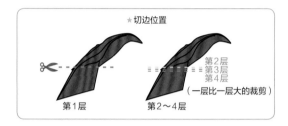

★切边位置

第2层
第3层
第4层
（一层比一层大的裁剪）

第1层　　第2～4层

❖ 准备底座 ➡ 捏制菱形 ➡ 铺排

用半花球底座D（▶p.38）制作布料底座（▶p.31）。

浸湿

捏制菱形，切边（▶p.41）。

放在浆糊板上。

将底座旋转360°，在左右均等的位置上进行铺排。

顺时针铺排5片花瓣。

第2层是在第1层的花瓣之间各铺排1片，共5片。

从侧面看的样子。

第3层

第3层是在第2层的花瓣之间各铺排1片，共5片。涂抹足够的浆糊进行铺排。

第3层的5片花瓣铺排完成的样子。

第4层的1片（A）在上　　第4层的1片（B）在下

从侧面看第3层的样子。第4层是在花瓣与花瓣之间分上下的铺排2片（A与B哪个在上都可以）。

第4层A　　第4层B

上下分别排入A和B的花瓣。其余的花瓣也两片两片地分别铺排。

第4层的10片铺排完成后的样子。

❖添加装饰物与金属配件后完成

1 把珠子与珠托粘合成花芯（▶p.18）粘贴在花朵的中心。	**2** 准备好夹扣、发夹。铁丝贴底剪断。	**3** 在夹扣上涂抹金属专用胶水，粘贴在花朵背面。	**4** 将发夹夹入夹扣。	**5** 完成。

▶**15B·C的材料**（单个成品的材料用量）
〈布〉使用4姆米·5姆米真丝电力纺
　第1层：（5姆米）边长5cm正方形切片×10片、
　第2～3层：外侧（5姆米）边长5cm正方形切片×10片、
　　　　　　内侧（4姆米）边长5cm正方形切片×10片
　第4层：外侧（5姆米）边长5cm正方形切片×10片、
　　　　　内侧（4姆米）边长5cm正方形切片×10片
〈花芯〉包胶铁丝（28号）、螺旋花芯▶p.47
〈底座〉〈饰物、金属配件类〉与**15A**相同（发夹按自己的喜好选择）
【完成尺寸】直径约6.8cm（花朵部分）、直径约6mm（花芯）

15B　15C

◆ 和服布料

　本书中的部分作品使用了和服布料。可以拆解旧和服使用，也可以在旧物市场、古着店等挑选购买适手的布头，敬请参考。

胴里
羽里
八卦

八卦（八掛）

指有衬和服的里衬中，下摆周围的面料。前后身的下摆缝4片、衣襟缝2片、襟前缝2片，共8片称为"八卦"。适用于捏制花朵或包裹底座。请选择有伸缩性、尽可能薄的纯真丝面料。

胴里（胴裏）

指有衬和服的里衬中，身体周围的面料。现代使用的是白色真丝电力纺。在旧时使用的是名为红绢的红色和服衬布。可以将红娟、白真丝电力纺染色后使用。适用于花朵的制作。

羽里（羽裏）

羽织（日本服装的一种。作为防寒、礼服等目的，穿着在长着、小袖的上面）的里衬，主要使用真丝电力纺。会有一些花样大胆的布料，可以利用布料的图案制作有趣味的作品。推荐使用薄款的羽里。

★有衬和服的图示

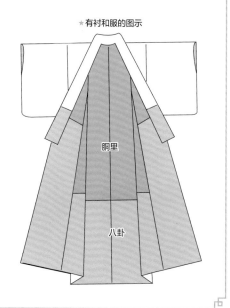

胴里
八卦

菱形花耳夹

▶*16*的材料（1对成品的材料用量）
〈布〉使用真丝电力纺
（花）外侧（5姆米）边长4cm正方形切片×10片、
内侧（4姆米）边长4cm正方形切片×10片
（穗子）外侧（5姆米）边长2cm正方形切片×4片、
内侧（4姆米）边长2cm正方形切片×4片
〈底座〉2块 不织布（习字垫 黑色·直径12cm·厚度约2mm）
〈花芯〉包胶铁丝（28号白色）、缠绕线（黄绿色）
〈饰物、金属配件类〉螺旋圆盘耳夹（直径8mm）2个、
平底托（直径12mm）2个、9字针（0.6·15mm）2根、
9字针（0.6·20mm）2根、青铜小圆珠（直径3mm）4粒
【完成尺寸】直径约3.6cm（花朵部分）

16

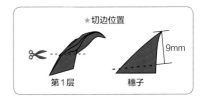

★切边位置

第1层　　穗子　　9mm

❖ 用袋形制作穗子

1 浸湿

按照袋形步骤**1**～**5**（▶
p.28）的制作要点来掌制。

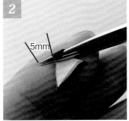

2 5mm

为了方便穿入9字针，将镊
子头伸出5mm，夹住切片。

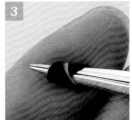

3

朝内侧紧紧卷起。

4

抽出镊子，重新夹住。

5

放在牛奶盒的上面，待其
干燥。

❖ 准备底座

1

平底托　不织布　耳夹
9字针20mm
9字针15mm　金属珠

准备耳夹、平底托、不织布、2根9字针、2粒金属珠、2个
袋形成品（单耳的材料用量）。

2

将金属珠穿入9字针。

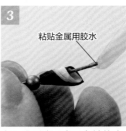

3 粘贴金属用胶水

穿入袋形内，在9字针的尖
部涂抹上金属专用胶水。

4

长度不同的穗子完成。

5

在平底托上涂抹胶水。

6 毛毡 直径12mm

粘贴不织布（用冲子▶p.10
或用剪刀裁切）。

7

在平底托的环上连接2个穗
子。

8

在耳夹上涂抹金属专用胶水，
粘贴在平底托的反面。

9

用晾衣夹夹住耳夹，待底座
干燥。

正面　側面　背面

❖捏制双层菱形 ➤铺排

· 双层菱形

1 浸湿
按照菱形步骤 1～5 (▶p.41)的制作要点来捏制。

2 1mm
内侧的布片往里面错开1mm重叠。

3
对折，将镊子重新夹在图示位置。

4
按菱形步骤 10～14 (▶p.41)的制作要点来捏制。

5
左右整理对称。

6
参考"切边位置"图示重新夹住。

7
切边。

8
共捏制5片花瓣，放在浆糊板上。

9
在底座上沿顺时针铺排5片花瓣。

10
待其干透。

❖添加装饰物（螺旋花芯）后完成

1 缠绕线　包胶铁丝
准备缠绕线（极天线或釜线）和包胶铁丝。

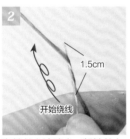

2 1.5cm 开始绕线
在铁丝上涂胶水，朝铁丝上端方向缠线3次左右。

3
从铁丝一端开始，包裹住步骤2缠绕的线，不留空隙地密密缠绕。

4
边将胶水涂抹在铁丝上，边缠绕2.5cm。

5 2.5cm
前端留有铁丝时，用剪钳剪掉。

6
用圆嘴钳夹住前端，朝向自己紧紧地卷起来。

7
夹紧侧面后，继续卷。

8
卷完后，涂上胶水紧紧地固定住。

9 直径5mm
也可使用卷金线铁丝（p.11）来制作
用剪钳剪断整理后，螺旋花芯完成。

10
在螺旋花芯上涂胶水，粘贴在花的中心。完成。

※缠绕线，本书中用的是日本刺绣使用的3股釜线（100%真丝）。
　极天线或卷金线铁丝，可在日本的细工专卖店购买。

飞舞于春风中

　　用尖形表现色彩艳丽的八重樱，用樱形表
现蓬松温柔的山樱。是充满春日气息的饰品。

18 八重樱两用胸针
　▸p.52

17 八重樱披肩别针
　▸p.50

19 山櫻弹簧夹（大）
▶p.53

20 山櫻弹簧夹（小）
▶p.55

八重樱披肩别针

17

▶*17*的材料（单个成品的材料用量）

〈布〉使用真丝电力纺5姆米
（大花）第1层：边长4cm正方形切片×5片、
第2层：边长4cm正方形切片×5片
（小花）边长4cm正方形切片×5片、（叶）边长2cm正方形切片×2片
〈底座〉
（大花）平底托（直径15mm）1个、
半花球底座A（直径15mm）1个→p.38~39、
和纸（边长3.7cm正方形）1张、包胶铁丝（24号）12cm×1根
（小花）平盘托（直径12cm）1个、包胶胚（直径12cm）1个、
和纸（边长2.5cm正方形）1张
〈花芯〉扁头石膏花芯10根
〈饰物、金属配件类〉披肩别针64mm（5孔）1个、圆形开口圈5个
吊坠3个
【完成尺寸】大花：直径约4cm、小花：直径约3.2cm

· 尖形

正面

侧面

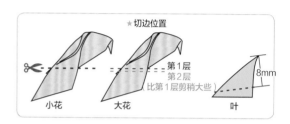

★切边位置

第1层
第2层（比第1层剪稍大些）
8mm

小花　　大花　　叶

◆捏制尖形

1 浸湿

将折痕呈水平放置

剑尖

捏制剑形（▶p.24）。将捏制的折痕水平放置。

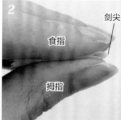

2 剑尖

食指

拇指

用左手的拇指与食指捏住。

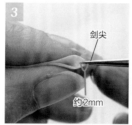

3 剑尖

约2mm

用镊子将剑尖夹住2mm左右。

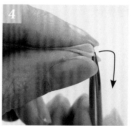

4

保持这种状态将镊子下压90°。

5 剑尖

从侧面看的样子。

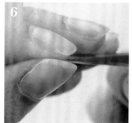

6

指尖处用力夹住镊子。此时，布隐藏在手指中。

7

保持这种状态，一口气将镊子向下拉拔。

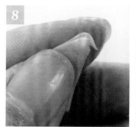

8

折角完成了。

9

如图所示，重新夹住。

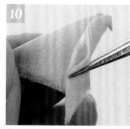

10

依照菱形步骤 **10**~**14**（▶p.41）的要领捏制。

11

左右整理对称。

12

参考"切边位置"的图示重新夹住

13

切边。

14

第1层=5片花瓣

剑形的叶片（▶p.24）

捏制第1层的5片花瓣和1片剑形的叶片，置于浆糊板上。

❖ 准备底座

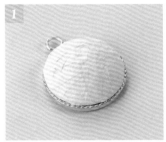

1 在大花使用的平底托上涂抹胶水，粘合剪掉铁丝的和纸半花球底座（▶ p.35）。

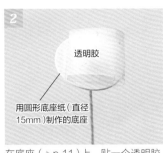

透明胶
用圆形底座纸（直径15mm）制作的底座

2 在底座（▶ p.11）上，贴一个透明胶粘面朝外制作的圆环。

3 将底座放在步骤2的成品上面，临时固定。

4 准备小花使用的和纸包扣胚（▶ p.25"剑花项链"2～8）。

❖ 铺排➡添加装饰物与金属配件后完成

1 在大花使用的底座上铺排花瓣。

2 按顺时针方向铺排2片花瓣，加入叶片。

3 从侧面看的样子。

4 铺排完第1层。

浸湿

5 捏制第2层的5片花瓣，放在浆糊板上。

6 第2层是在第1层花瓣间各铺排1片，共5片。

第2层

7 从侧面看步骤6的样子。

8 铺排完第2层。

9 剪下花芯的头部。

10 在步骤9成品的下方涂上胶水。

11 在花的中心粘贴5个花芯。

披肩别针
喜欢的吊坠、圆形开口圈5个
小花的铺排方法与大花第1层相同

12 准备披肩别针、吊坠、大花、小花、圆形开口圈。

13 将大花和小花用圆形开口圈连接到披肩别针上。吊坠也用圆形开口圈连接。完成。

八重樱两用胸针

18

▶**18的材料**（单个成品的材料用量）
〈布〉使用真丝电力纺5姆米
（花）第1层：边长4.5cm正方形切片×5片、
第2层：边长4.5cm正方形切片×5片
第3层：边长5cm正方形切片×5片、
第4层：边长5cm正方形切片×10片
（叶）边长2cm正方形切片×1片
〈底座〉半花球底座D（直径27mm）1个→制作方法 p.38~39、
布（边长6.5cm正方形）1块、包胶铁丝（22号）12cm×1根
〈花芯〉扁头石膏花芯 5根
〈饰物、金属配件类〉两用胸针（直径21mm）
【完成尺寸】直径约5.8cm（花朵部分）

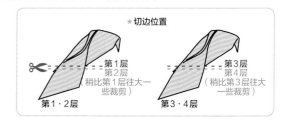

★切边位置

✂ ---------- 第1层
第2层
（稍比第1层往大一些裁剪）
第1·2层

第3层
第4层
（稍比第3层往大一些裁剪）
第3·4层

❖铺排➡添加装饰物与金属配件后完成

捏制5片尖形花瓣（▶p.50）、用剑形（▶p.24）的方式捏制1片叶片。

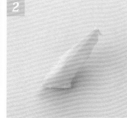
参考"切边位置"的图示切片。

在布料半花球底座（▶p.31）上铺排5片花瓣和1片叶片。

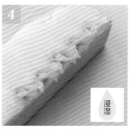
捏制第2层的5片花瓣，放在浆糊板上。

用花瓣夹住叶片。

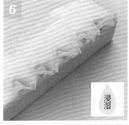
捏制第3层的5片花瓣，放在浆糊板上。

铺排完第3层后的样子。

捏制第4层的10片花瓣，放在浆糊板上。

依照"优美的大丽花发夹"步骤❿~⓫（▶p.44）的制作要点铺排10片花瓣。

调整好平衡。

将剪下来的扁头石膏花芯的头部粘贴在花朵的中心。

将底座的铁丝贴底剪掉。

在两用胸针的托盘部分涂抹金属专用胶水。

粘贴在底座的反面。

完成。

◆p.49 *19*

山樱弹簧夹（大）

19

▶*19*的材料（单个成品的材料用量）

〈布〉使用真丝雪纺8姆米
　（大花）边长5cm正方形切片×5片（小花）边长3.5cm正方形切片×5片
　（花瓣）边长3cm正方形切片×2片（叶）、边长3.5cm正方形切片×2片、边长3cm正方形切片×5片
〈底座〉八卦面料（▶p.45）7.5cm×12cm、法兰绒布4.5cm×10.5cm
〈花芯〉（大花）小基础石膏花芯 23根、（小花）小基础石膏花芯 17根、Artistic Wire32号铁丝、人造钻石（直径3.9mm）2粒、指甲油（白色）
〈饰物、金属配件类〉金属弹簧夹（32mm×94mm）
【完成尺寸】大花：直径约4.5cm、小花：直径约3.3cm

·樱形

正面

背面

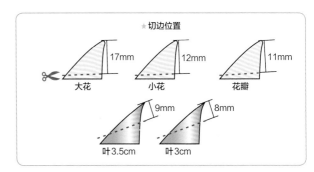

★ 切边位置

大花 17mm　小花 12mm　花瓣 11mm

叶3.5cm 9mm　叶3cm 8mm

❖ 捏制樱形

1 无需浸湿布料，捏制圆形后切边（▶p.14）。

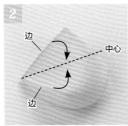

2 与捏制圆形的步骤 3～7（▶p.20）相同。将两边向内侧折叠。

3 用拇指压住两边的对齐处。

4 将圆形的折边翻上来。

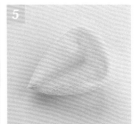

5 翻上来后的样子。

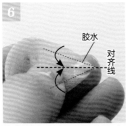

6 在花瓣的前端用镊子沾取少量胶水，向内侧对折。

7 折好上半部分的样子。

8 两侧都折好后。

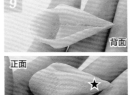

9 从上方看的样子。

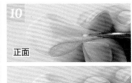

10 在正面的★部分沾少量胶水，用拇指和食指捏合。

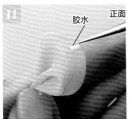

11 在折边的中心沾取少量胶水。

12 用镊子将沾有胶水的部分捏住、下压。

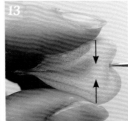

13 保持这个状态，按箭头方向将花瓣的上下捏合。

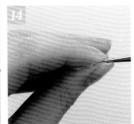

14 此时，镊子也夹在中间。

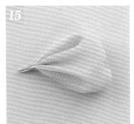

15 胶水干后会形成一个凹坑，1片樱花花瓣完成了。

❖ 在底座上铺排樱花花瓣和叶片

1
参考左图切边。在成品的前端涂抹胶水或浆糊。

2
在透明文件夹上铺排花瓣。

3
5片花瓣铺排完成后的样子。待干透后，从透明文件夹上取下，将花翻过来。

4
大花　小花　花瓣
小花的铺排也与大花相同，另外捏制2片花瓣。干透后如有多余的胶水，用剪刀剪去。

5
无需浸湿布料，将叶片的切片按照剑形步骤1～6（▶p.24）的方法捏制。

6
浆糊
在切片的角上沾取少量浆糊。继续捏制剑形。

7
剑形捏制完成后的样子。

8
切边（▶p.24）。

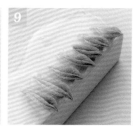

9
一共捏制2片大叶、5片小叶，放在浆糊板上。

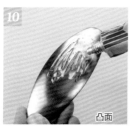

10
凸面
在金属弹簧夹的凸面上涂抹金属专用胶水。

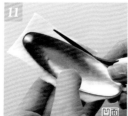

11
凹面
将法兰绒布粘贴在金属片上，剪去四周多余布料。

12
在金属片的凹面涂抹金属专用胶水，用八卦面料包裹起来。

13
用剪刀裁去多余的布料，整理平整。

14
在发夹上涂抹金属专用胶水后，与13粘贴在一起。

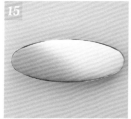

15
底座完成。

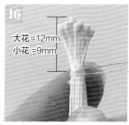

16
大花=12mm
小花=9mm
按照"两用香梅夹"的步骤21～23（▶p.20）的制作要点制作花芯，待其干燥。

17
在铁丝固定处弯折花芯，使其呈圆形。

18
用剪钳在铁丝下方将花芯剪断。

19
反面
为了隐藏铁丝，涂上白色指甲油。

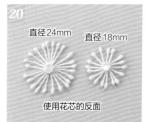

20
直径24mm　直径18mm
使用花芯的反面
待指甲油干透后，用胶水粘贴人造钻石。

21
将花的背面作为正面使用
在花朵中心涂抹胶水，粘贴花芯。

22
在21的成品反面涂抹胶水。

23
小叶　大叶　小叶　小叶　大叶　小叶
将大花、小花、叶片、花瓣的均衡地铺排在发夹上，完成。

山樱弹簧夹（小）

20

▶**20的材料**（单个成品的材料用量）

〈布〉使用真丝雪纺6姆米
　（花）边长3.5cm正方形切片×5片
　（蝶蝴蝶翅膀）边长2.5 cm正方形切片×2片、边长2cm正方形切片×2片
〈底座〉（蝴蝶）圆形底座纸（直径12mm）1片、和纸（边长2.4cm正方形）1张、包胶铁丝（24号）12cm×1根
　（发夹）八卦面料（▶p.45）4.3cm×8.5cm、法兰绒2.5cm×7cm
〈花芯〉小基础石膏花芯 20根、Artistic Wire32号铁丝
【饰物、金属配件类】金属弹簧夹（16mm×62mm）、卷金线铁丝
【完成尺寸】花朵：直径约3.3cm、蝴蝶：宽度约2.3cm

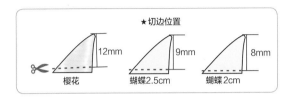

★切边位置

櫻花　12mm

蝴蝶2.5cm　9mm

蝴蝶2cm　8mm

❖将蝴蝶和樱花铺排在底座上

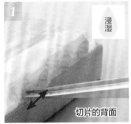

1　浸湿

切片的背面

捏制4片圆形（▶p.14）蝴蝶翅膀，打开底部（▶p.19）。

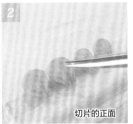

2

切片的正面

将折边整理出漂亮的曲线。

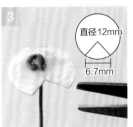

3　直径12mm　6.7mm

制作冲子底座，用剪刀剪出切口。

4

在底座上涂抹厚度1mm的浆糊。

沿着切口处左右对称地铺排2片2.5cm的翅膀。

5

在其下方，左右对称地铺排2片2cm的翅膀。

6

从背面看的样子。

7　7圈

将卷金线铁丝（▶p.11）在锥子上不留缝隙地密密缠绕，用剪刀剪断。

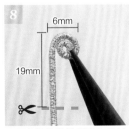

8　6mm　19mm

用圆嘴钳将裁剪所剩的铁丝前端盘卷起来。在图示位置剪断。

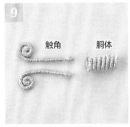

9　触角　胴体

制作2条触角、在触角末端涂胶水，插入身体中间。

10

待身体干透。

11

在身体上涂抹胶水，粘在蝴蝶的中心。

12

待蝴蝶干透后，用剪钳将底座的铁丝剪断。

13

使用花、花芯的正面

按照"山樱弹簧夹（大）"（▶p.53）的方式铺排花朵。注意花与花芯的使用面相反。

14

在弹簧夹的底座上粘贴樱花和蝴蝶后完成（▶p.54）。

夏之夜

用叠褶形制作大朵的大丽花。是
很适合搭配和服、裙子的华丽发饰。

21𝒟

21𝐵

21𝒜

21 大丽花U形发卡套件
▶p.58

21𝒞

呼唤清凉

使用变化叠褶形制作的菖蒲发簪和耳环。

适合作为浴衣的佩饰自不必说，搭配牛仔裤等休闲装也很棒。

23 菖蒲耳环
p.61

22𝒜

22ℬ

22𝒞

22 菖蒲发簪
p.60

大丽花U形发卡套

21*A*

21*B*

▶21*A*·*B*的材料（单个成品的材料用量）

〈布〉使用真丝电力纺5姆米
第1层：边长4.5cm正方形切片×6片（21*B*只有第1层）
第2层：边长5cm正方形切片×6片
第3层：边长5.2cm正方形切片×6片
第4层：边长5.5cm正方形切片×6片
第5层：边长6cm正方形切片×12片

〈底座〉
21*A*：半花球底座E（直径30mm）1个 → 制作方法 p.38～39、
布（边长7cm正方形）1块、包胶铁丝（22号茶色）12cm×1根、捆绑线

21*B*：圆形底座纸（直径15mm）1片、布（边长3cm正方形）1块、
包胶铁丝（24号茶色）12cm×1根、捆绑线

〈花芯〉珠托 1个、人造钻石（直径4.7mm）1粒
〈饰物、金属配件类〉U形发卡（21*A*：8.7cm、21*B*：7.5cm）各1个
【完成尺寸】21*A*：直径约8.7cm、21B：直径约3.7cm（花朵部分）

正面　　　侧面　　　背面

·2折叠褶形

❖捏制2折叠褶形（第1层）

按照菱形步骤 **1**～**8**（▶p.41）进行捏制。

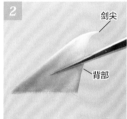

捏制剑形（▶p.24）。换夹至背部呈水平状。

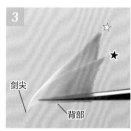

从外侧用镊子将背部呈水平状夹住。

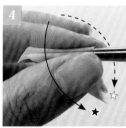

将★与☆打开，向下翻折。

指尖用力压住，抽出镊子（以下相同）。

用镊子从外侧重新夹住。

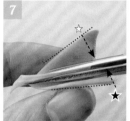

用拇指和食指将★与☆朝上翻折，将切片的上边与镊子的上边对齐。

从上方看的样子。

用左手压住防止褶子散开，将镊子抽出。

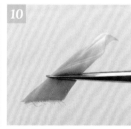

用镊子重新夹住切片。

形成2个褶子。

将★的四周用右手拇指压凹。

将剑尖捏尖整理。

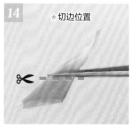

在**13**成品的**a**处（褶子最前端）切边。

捏制第1层的6片花瓣。

正面　側面　背面

❖ 捏制3折叠褶形（第2～5层）

・3折叠褶形

1
按2折叠褶形的步骤 **1**～**6**
（▶p.58）捏制。

2
再次上下翻折1次切片。

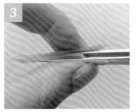

3
按2折叠褶形的步骤 **7**～**8** 捏制，切片的上边与镊子上边对齐。

4
形成了4个褶子。

5
在 **b** 的位置切边。第2～5层的花瓣均用3折叠褶形的方式捏制。

❖ 铺排花朵 → 添加装饰物与金属配件后完成

1
第1层
在布料半花球底座（▶p.31）上共铺排6片花瓣。

2
第2层是在第1层的花瓣间分别铺排1片花瓣。

3
铺排完第2层6片花瓣后的样子。

4
第3层
第4层
用同样的方式铺排第3～4层。

5
第5层
第5层是在第4层的花瓣间分别铺排2片花瓣。

6
第5层
依照"优美的大丽花发夹"步骤 **10**～**11**（▶p.44）的制作要领铺排12片花瓣。

7
添加花芯装饰（▶p.27）。

8
7mm
沿U形发卡的弧度将铁丝弯曲并涂抹上胶水。

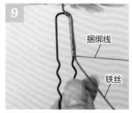

9
捆绑线
铁丝
将U形发卡和铁丝用捆绑线缠绕固定。剪断铁丝。

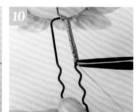

10
用捆绑线缠绕至看不到铁丝末端为止，剪断线。线头上涂抹胶水缠绕固定。

11
用平口钳转动抬起花朵的头部后完成。

12
21**B**是在底座上铺排第1层的6片花瓣后安装U形发卡。

21**C**
21**D**

▶ 21**C**·**D**的材料（单个成品的材料用量）
〈布〉使用真丝电力纺5姆米
　21**C**按21**A**的第1～3层。
　21**D**的第1～3层按21**A**制作。第4层：边长5.5cm正方形切片×12片
〈底座〉
　21**C**：半花球底座B（直径22mm）1个 ▶p.38～39、布（边长5cm正方形）1块
　21**D**：半花球底座B（直径27mm）1个 ▶p.38～39、布（边长6.5cm正方形）1块
　　　　包胶铁丝（21**C**为24号茶色、21**D**为22号茶色）12cm×各1根、捆绑线
〈花芯〉〈饰物、金属配件类〉与21**B**相同
【完成尺寸】21**C**：直径约6cm、21**D**：直径约7.7cm（花朵部分）

菖蒲发簪

22A

22B

22C

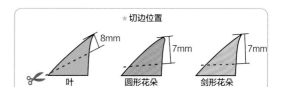

▶22A·B·C的材料（单个成品的材料用量）

〈布〉使用真丝电力纺5姆米
（花）第1层：边长5.3cm正方形切片×3片
第2层：边长2cm正方形切片×6片（圆形、剑形各3片，共6片）
（叶）边长3.8cm正方形切片×12片
〈底座〉圆形底座纸（直径12mm）1片、和纸（边长2.4cm正方形）1张、
包胶铁丝（24号茶色）12cm×1根
包胶铁丝（28号叶子用）4cm×3根、捆绑线
〈饰物、金属配件类〉双股簪（7.5cm）
【完成尺寸】直径约4cm（花朵部分）

★切边位置

8mm
叶

7mm
圆形花朵

7mm
剑形花朵

正面　侧面

•变形3折叠褶形

❖捏制花朵（变形3折叠褶形）

浸湿

1 捏制3折叠褶形（▶p.59）。

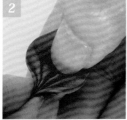

2 用右手拇指将★的周边压凹。

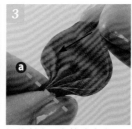

3 捏住剑尖，向箭头方向压，压出角度。

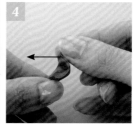

4 从侧面看 3 时的样子。

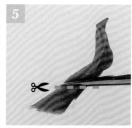

5 在 3 中的 ⓐ 处（褶皱最前端）切边。

6 放在浆糊板上后，置于牛奶盒上晾干。

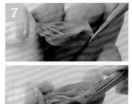

7 用镊子夹住剑尖。卷起使其卷曲。

8 从背面看时的样子。转动使其成形。

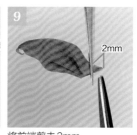

9 将前端剪去2mm。

2mm

10 捏制3片第1层花瓣、第2层各捏制3片圆形（▶p.14）和剑形（▶p.24）。

圆形
第1层　剑形

❖捏制叶片（反剑形）

浸湿

1 按菱形步骤 1 ～ 2 （▶p.41）的方式对折。

2 折痕处用电熨斗熨烫。

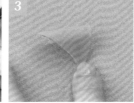

3 再次对折。

4 折痕处用电熨斗熨烫。

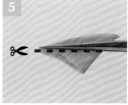

5 切边。

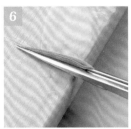

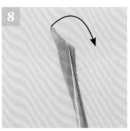
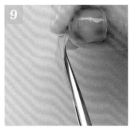
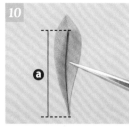

叶片为剑形，以"切边位置"的图示为标准切边（▶p.24）。	按照捏制圆形的步骤③～⑤（▶p.20）捏合底部，待其干燥。	干透后，用镊子夹住切边一侧，朝→方向翻折。	翻折后的样子。	叶片完成。

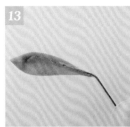

将铁丝按⑩中ⓐ的长度弯折，涂抹胶水。	将铁丝粘在叶片反面。	用切边盖住铁丝，把铁丝藏起来。	贴着叶片根部剪断铁丝。	将铁丝弯成S形，共制作3片叶片。

❖铺排➡添加装饰物与金属配件后完成

制作冲子底座（▶p.11），在底座上涂抹1mm厚的浆糊。	在花瓣的切边处涂上浆糊，共铺排3片第1层的花瓣。	第2层是在叠褶形的花瓣上面铺排3片圆形。	接着在圆形之间竖立着铺排3片剑形。	在叶片根部涂抹浆糊，在花瓣间铺排3片叶子。

从侧面看的样子。	用捆绑线组合双股簪（参照▶p.59"大丽花U形发卡套件"铺排花朵的步骤⑧～⑪）。

◆p.57 *23*

菖蒲耳环

在平底托底座上（▶p.46）铺排花瓣制成耳环。

花漫步

运用变形叠褶形制作花朵发
饰及胸针。

24 星花发梳
▶ p.64

25A

25 月花胸针
p.66

25B

26 八重桔梗发梳
▶ p.68

27A

27 八重桔梗U形发卡
p.69

27B

星花发梳

24

▶*24*的材料（单个成品的材料用量）

〈布〉 使用真丝电力纺5姆米
（大花）第1层：边长4cm正方形切片×5片、
第2层：边长5.5cm正方形切片×5片
（小花）边长4cm正方形切片×5片

〈底座〉
（大花）半花球底座A（直径15mm）1个→制作方法·p.38～39、布（3.7cm正方形）1块
（小花）圆形底座纸（直径12mm）1片、布（边长2.4cm正方形）×1块、包胶铁丝（24号茶色）12cm×2根、捆绑线、缎带（宽3mm）27cm
〈花芯〉 珠托2个、人造钻石（直径4.7mm）2粒
〈饰物、金属配件类〉 10齿发梳
【完成尺寸】 大花：直径约4.3cm 、小花：直径约2.8cm

· 变形2折叠褶形

正面	侧面	背面

❖捏制花朵（变形2折叠褶形）

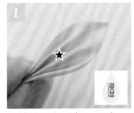		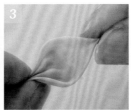		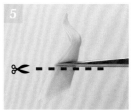
捏制2折叠褶形（▶p.58）。	用右手拇指将★的四周捏凹。	捏住剑尖。	将剑尖朝←方向压，形成角度。	在■中的ⓐ处（褶皱最前端）切边。放在浆糊板上。

❖铺排花朵

	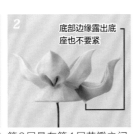			
在布料半花球底座（▶p.31）上，共铺排5片花瓣。	第2层是在第1层花瓣之间分别铺排1片。	第2层花瓣铺排完成后，添加花芯装饰（▶p.27）。	制作布料圆形底座（▶p.11）。	在底座上涂抹厚1mm的浆糊。
	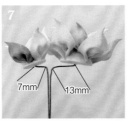			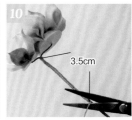
在布料圆形底座（▶p.11）上铺排5片小花花瓣。	将小花与大花的铁丝弯成直角，将2根铁丝合并。	在铁丝上涂抹胶水，在花的分岔处用捆绑线缠绕5圈。	涂抹胶水，从花的分岔处朝下方缠绕捆绑线。	绕3.5cm后将线剪断，在线头处涂胶水缠绕固定。

❖添加金属配件后完成

1 在距离花朵分岔处下方5mm的位置将铁丝弯成直角。

2 将花朵的铁丝穿入发梳反面（从左数第4个梳齿空隙处）。

3 在发梳上涂抹金属专用胶水。

4 将花朵的铁丝和发梳粘合。用夹子夹住晾干。

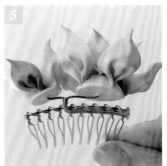

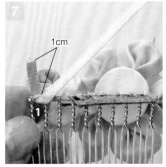
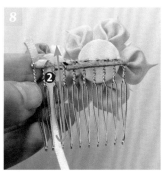

5 胶水干透后去掉夹子，剪断铁丝。

6 在绕缎带处涂抹胶水。

7 缎带前端留出1cm，在第1个与第2个齿之间（❶）穿入缎带。

8 将缎带绕1圈，在第2个与第3个齿之间（❷）拉出缎带。

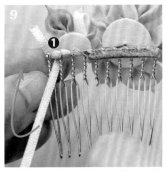
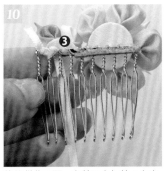

9 将缎带绕1圈，在第1个与第2个齿之间（❶）拉出缎带。

10 将缎带绕1圈，在第3个与第4个齿之间（❸）拉出缎带。

11 将缎带绕1圈，在第2个与第3个齿之间（❷）拉出缎带。

12 用同样方法，将缎带绕至发梳另一端。

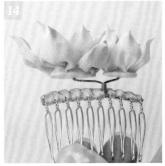

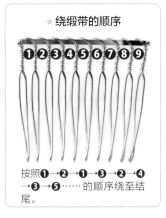

13 在缠绕的开始处和结束处涂抹胶水固定，剪去多余的缎带。

14 从侧面看的样子。

15 完成。

★ 绕缎带的顺序

按照 ❶→❷→❶→❸→❷→❹→❸→❺……的顺序绕至结尾。

月花胸针

25A

25B

▶25A·B的材料（单个成品的材料用量）
〈布〉使用真丝电力纺5姆米
（花）第1层：边长5cm正方形切片×5片、
第2层：边长5.5cm正方形切片×5片
（叶）边长4.5cm正方形切片×1片、边长5.5cm正方形切片×1片
〈底座〉
（花）半花球底座B（直径22mm）1个→制作方法 ▶p.38～39、
布（边长5cm正方形）1块
（叶）和纸底座纸（11mm×15mm）1片、纸样 1张
包胶铁丝（24号·花用白色、叶用绿色）12cm×各1根
〈花芯〉扁头石膏花芯适量
〈饰物、金属配件类〉镂空胸针底座（直径29mm）
【完成尺寸】直径约5cm（花朵部分）

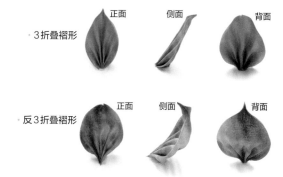

·3折叠褶形 正面 侧面 背面

·反3折叠褶形 正面 侧面 背面

❖ 捏制叶片（3折叠褶形）➡ 铺排

1 浸湿

捏制3折叠褶形（▶p.59）。

2 ⓐ

整理剑尖，不要让褶子散开。

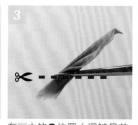

3

在②中的ⓐ位置（褶皱最前端）切边。

4

切边时的样子。

5

放在浆糊板上。

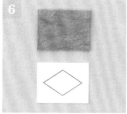

6

准备贴有和纸的厚纸板（参考▶p.10"冲子圆形底座纸"的步骤"①～③）及纸样。

7

在纸型上薄薄地涂一层浆糊，贴在厚纸板上临时固定。

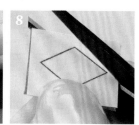

8

用剪刀裁剪。

9

叶片的底座纸完成。

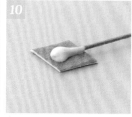

10

在铁丝前端涂抹胶水，粘贴在叶片底座纸上，待其干燥。

11

在叶片的底座纸上涂抹浆糊。

12

铺排大叶片。

13

铺排小叶片。

14

从侧面看的样子。

【叶片底座纸的纸样】

❖铺排花朵（反3折叠褶形）➡添加装饰物与金属配件后完成

捏制反3折叠褶形（▶p.59）。

将★的部分用手指从下往上顶出。

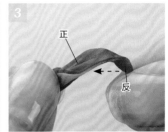

捏住剑尖，朝←方向压。

正
反

将步骤3中的成品翻转，将反面一侧朝上。

反

换用镊子夹住。

ⓑ

在步骤5中的ⓑ处（褶皱最前端）切边。

共捏制10片花瓣，放在浆糊板上。

抹去多余的浆糊，从浆糊板上移至牛奶盒上晾干。

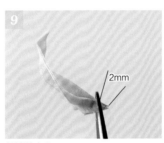

前端剪去2mm。

2mm

单侧在上重叠起来

在花瓣的切边处涂抹浆糊，在布料半花球底座（▶p.31）上铺排5片花瓣。

将花朵完全晾干

第1层稍干后，在第1层的花瓣之间分别铺排1片花瓣形成第2层。

在花芯头部涂抹胶水，粘贴在花朵的中心（▶p.51）。

用锥子打孔便于插入叶片的铁丝。

将底座的铁丝贴底剪断。

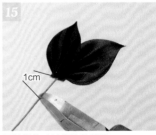

用剪钳将叶片的铁丝剪断。

1cm

在叶片的铁丝上涂抹胶水。

插入叶片的铁丝。

在底座的反面涂抹金属专用胶水。

粘贴镂空胸针底座。

完成。

八重桔梗发梳

26

▸*26*的材料（单个成品的材料用量）

〈布〉使用真丝雪纺6姆米

（大花）第1层：边长5cm正方形切片×6片、第2层：边长5.5cm正方形切片×6片、第3层：边长6cm正方形切片×6片

（小花）第1层：边长5cm正方形切片×6片、第2层：边长5.5cm正方形切片×6片

（叶）边长5.5cm正方形切片×2片

〈底座〉

（大花）半花球底座D（直径27mm）1个→制作方法 ▸p.38～39、布（边长6.5cm正方形）1块

（小花）半花球底座B（直径22mm）1个→制作方法 ▸p.38～39、布（边长5cm正方形）1块

包胶铁丝（24号·22号绿色）12cm×各1根、包胶铁丝（26号绿色·叶用）12cm×2根、捆绑线、缎带（宽度3mm）40cm

〈花芯〉珠托2个、人造钻石（直径4.7mm）2粒

〈饰物、金属配件类〉15齿发梳

【完成尺寸】大花：直径约6.3cm、小花：直径约5.7cm

正面　　侧面　　背面

·反2折叠褶形

◆捏制花朵（反2折叠褶形）和叶片（反剑形）→铺排

1
捏制2折叠褶形（▸p.58）。

2
将★部分用手指从下往上顶出。

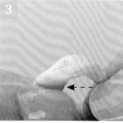

3
捏住剑尖，向←的方向压出。

4
左右整理均匀。

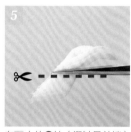

5
在*4*中的ⓐ处（褶皱最前端）切边。放在浆糊板上。

6
在布料半花球底座D（▸p.31）上铺排6片第1层的花瓣。

7
第2层是在第1层花瓣之间分别铺排1片花瓣。

8
第3层是在第2层花瓣之间分别铺排1片花瓣。

9
从侧面看的样子。

10
用胶水粘贴花芯装饰（▸p.27）。

11
小花也同样铺排。

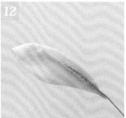

12
按照"菖蒲发簪（▸p.60）"叶片的制作方法来制作叶片。

13
将叶片的铁丝弯出弧度。

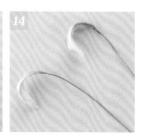

14
共制作2根。

❖ 将花朵和叶片组合在发梳上

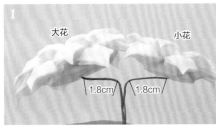

大花　小花
1.8cm　1.8cm

将小花与大花的铁丝弯成直角，2根合并。

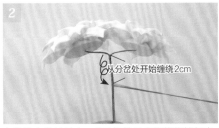

从分岔处开始缠绕2cm

在铁丝上涂抹胶水，将2根铁丝用捆绑线缠起来（参照▶p.64"星花发梳"的步骤8～9）。

确认2片叶片的位置。

在铁丝上涂胶水，用捆绑线缠绕起来。

从分岔处开始缠绕3.7cm

从花的分岔处开始缠绕3.7cm后将线剪断，线头涂抹胶水后缠绕固定。

7mm

从距离花的分岔处下方7mm的位置，将铁丝弯成直角。

剪掉多余的铁丝

在发梳的反面涂上金属专用胶水，从发梳左数第7个梳齿空隙处穿入花朵的铁丝后粘合（参照▶p.65"星花发梳"的步骤2～4）。

用缎带缠绕固定发梳（参照▶p.65"星花发梳"的步骤6～13）。

▸p.63　27

八重桔梗
U形发卡

▸27A·B的材料（单个成品的材料用量）

〈布〉　使用真丝雪纺6姆米、
　　　　边长4.5cm正方形切片×5片
〈底座〉圆形底座纸（直径15mm）1片、
　　　　布（边长3cm正方形）1块、
　　　　包胶铁丝（24号绿色）12cm×1根、捆绑线
〈花芯〉金属青铜珠（直径3mm）1粒
〈饰物、金属配件类〉U形发卡（7.5mm）1个
【完成尺寸】直径约3.7cm（花朵部分）

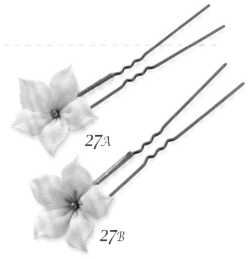

27A

27B

在布料圆形底座（▶p.11）上涂抹1mm厚的浆糊。

铺排5片花瓣，在珠子上涂胶水后粘贴在花朵的中心（▶p.68）。

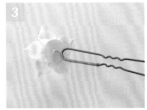

用捆绑线组合U形发卡（参考p.59"大丽花U形发卡套件"铺排花朵的步骤8～11）。

染制紫罗兰色

美丽的渐变紫罗兰色发饰，通过
变化花瓣的层数，可以制作从小发夹
到有存在感的胸针等各种各样的饰品。

28 凛花两用胸针
▶p.71

29 凛花BB夹
▶p.72

30 凛花一字夹
▶p.72

凛花两用胸针

28

▶*28*的材料（单个成品的材料用量）

〈布〉使用真丝电力纺5姆米
　　第1层：边长5cm正方形切片×5片、
　　第2层：边长5.5cm正方形切片×5片、
　　第3层：边长5cm正方形切片×5片、
　　第4层：边长5.5cm正方形切片×5片

〈底座〉
　　半花球底座E（直径30mm）1个→制作方法▶p.38～39、
　　和纸（边长7cm正方形）1张、
　　包胶铁丝（22号）12cm×1根
　　白色不织布（直径25mm·厚度约1.5mm）1块

〈花芯〉扁头石膏花芯 适量
〈饰物、金属配件类〉两用胸针（直径27mm）
【完成尺寸】直径约7.3cm（花朵部分）

·叠褶圆形　　　正面　　　侧面　　　背面

❖捏制叠褶圆形

1 依照菱形步骤❶～❷（▶p.41）的制作要点捏制。

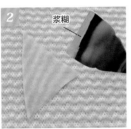

2 将铺在下面的百洁布旋转180°。铲子上涂抹浆糊。

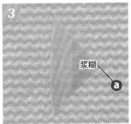

3 将切片的一半抹上浆糊。

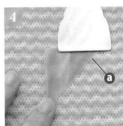

4 对折，用铲子按压边缘。

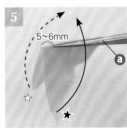

5 打开★和☆，朝上翻折。

6 用左手压住防止褶子散开，抽出镊子。

7 用镊子从外侧重新夹住。将切片底部与镊子底部对齐夹住。

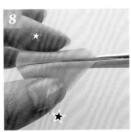

8 打开★和☆，朝下翻折。

9 抽出镊子。重复步骤❺～❽，将褶子层层叠起。

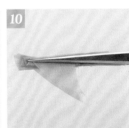

10 从侧面看的样子。镊子的宽度与褶子的宽度大致相同。

11 最后，对齐切片的上边与镊子的上边。

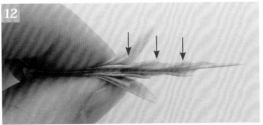

12 取出镊子，形成了3个段差。

13 用镊子重新夹住切片。

14 打开，整理成圆形。

15

用镊子夹住最外层的布。朝←方向错开2～3mm。

16

错开后的样子。另一侧也同样处理。

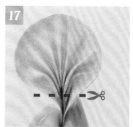

17

整理成圆形。以褶皱的最前端为基准切边。

18

放在浆糊板上，不要弄散褶子。抹去多余的浆糊，放在牛奶盒上晾干。

19 ※会因镊子粗细不同而使褶皱数出现变化

第1～3层褶皱为7个，第4层褶皱为9个。

第1层　第4层

❖铺排花朵➡添加装饰物与金属配件后完成

1 单侧在上层叠

在花瓣的切边处涂抹浆糊，在和纸半球球底座（▶p.35）上铺排5片花瓣。

2

第2～4层是在上一层的花瓣之间分别铺排1片花瓣。

3

剪掉底座的铁丝，在花芯头部涂抹胶水，粘贴在花朵中心（▶p.51）。

4 不织布

两用胸针

在不织布上涂抹金属专用胶水后，粘贴在两用胸针上。

5

在不织布上涂抹金属专用胶水，将两用胸针粘合到花朵背面。

◆p.70 *29, 30*

凛花BB夹和一字夹

29 BB夹

30A

一字夹

30B

▶*29·30*的材料（单个成品的材料用量）

〈布〉使用真丝电力纺5姆米
　29：第1层：边长4.5cm正方形切片×5片、第2层：边长4.5cm正方形切片×5片
　30：边长4.5cm正方形切片×5片
〈底座〉
　29：包扣胚（20mm）1个、和纸（边长4.3cm正方形）1张
　30：圆形底座纸（直径12cm）1片、和纸（边长2.4cm正方形）1张
〈花芯〉扁头石膏花芯 适量
〈饰物、金属配件类〉29：带装饰盘的BB夹（直径20mm）、30：一字夹（直径8mm）
【完成尺寸】29：直径约4.2cm、30：直径约2.8cm（花朵部分）

❖BB夹的制作方法

1

在BB夹上涂胶水，粘贴和纸包扣（▶p.25）。

2

在底座上涂抹浆糊，按胸针的制作方法铺排花朵。

❖一字夹的制作方法

1

在一字夹底盘上涂胶水，粘贴冲子圆形底座纸（▶p.10）。

2

在底座上涂抹浆糊，按胸针的制作方法铺排花朵。

◆ 渐变染色

这里使用反应染料来介绍一下渐变染色的方法。使用渐变染色切片捏制的叶片及花朵的感觉会变得柔和。

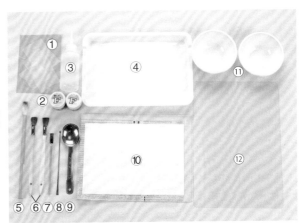

反应染料

• 材料

①布…裁剪成切片
②反应染料（Roopas F COLOR）③水 ④托盘 ⑤狼毫笔 1 支
⑥染色用扁头刷（金卷刷毛3号）2支 ⑦染色笔（软毛刷2号）1支
⑧量勺（微量勺 挖耳勺大小）⑨大勺
⑩报纸和日本白纸 ⑪珐琅碗（10cm）2个 ⑫垫板

❖ 渐变染色的方法

1 在珐琅碗内放入染料，用 2/3 大勺的水溶解。

2 将切片放在托盘上，用狼毫笔将布浸湿。将 2～3 片切片层叠起来。

真丝电力纺3～4片、真丝雪纺2～3片层叠起来

3 在报纸上放置日本白纸，将❷用镊子放在日本白纸上。

4 用狼毫笔按压切片，挤出空气。

5 染同色渐变时，先用扁头刷沾上浅色染液。

6 接着再涂深色的染液。

7 将切片放在垫板上，平放自然干燥。干透后熨烫整理。

◆ 双色染色时

想将布料染成双色时，如右图所示操作。

1 步骤❹之前的操作方法相同。用毛笔将浅色染液涂满切片。

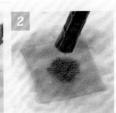

2 用软毛刷沾深色染液点在布块中心。

❖ 渐变染色范例和捏制成品范例

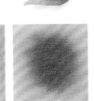

同色深浅渐变　　　　　　　　　双色渐变

重要日子的发簪

31 七五三节的发簪套件
▶p.76

32 成人式的发簪
▶p.80

女孩子都向往能拥有一支带有穗子的发簪。熟练掌握基础捏制方法后，就可以制作出这类豪华款的发簪。

请务必试着挑战一下将细工运用于制作七五三节和成人式这类重大节日使用地发簪。

七五三节的发簪套件

▶*31*的材料（一套成品的材料用量）
〈布〉 使用八卦面料（▶p.45）、真丝雪纺6姆米
① （大花 2朵）→参考"八重菊包链"（▶p.29）
　第1层：（八卦面料）边长2.5cm正方形切片×12片×2朵=共计24片
　第2层：外侧（八卦面料）边长3cm正方形切片×12片×2朵=共计24片、
　　　　　内侧（真丝雪纺 6姆米）边长3cm正方形切片×12片×2朵=共计24片
　第3层：外侧（八卦面料）边长3.5cm正方形切片×12片×2朵=共计24片、
　　　　　内侧（真丝雪纺 6姆米）边长3cm正方形切片×12片×2朵=共计24片
② （小花6朵）（八卦面料）边长2.5cm正方形切片×10片×6朵=共计60片
③ （叶4片）（真丝雪纺 6姆米）边长2cm正方形切片×5片×4片=共计20片
④ （蝴蝶2只）（真丝雪纺 6姆米）边长2.5cm正方形切片×2片×2只=共计4片、边长
　　2cm正方形切片×2片×2只=共计4片→参考"山樱弹簧夹（小）"的蝴蝶（▶p.55）
⑤ （穗子 3条）（八卦面料）边长2cm正方形切片×12片×3条=共计36片
〈花芯〉珠托（小）6个、珠托（大）2个、人造钻石（直径4.7mm）8粒
〈底座〉
① （大花）半花球底座E（直径30mm）2个→制作方法 p.38～39、
　　　　　布（边长7cm正方形）1块
② （小花）圆形底座纸（直径21mm）6片、和纸（边长4.2cm正方形）6张、
　　　　　包扣胚（直径12mm）6个、和纸（边长2.5cm正方形）6张
③ （叶）和纸底座纸（11mm×18mm）4片、纸样4片
④ （蝴蝶）圆形底座纸（直径12mm）2片、和纸（边长2.4cm正方形）2张
　　　　　包胶铁丝（22号 茶色 大花用）12cm×2根、
　　　　　包胶铁丝（24号 茶色 小花、蝴蝶、叶子、穗子架用）12cm×15根、捆绑线
⑤ （穗子）造花铁丝（26号 茶色）4cm×3根、铃铛3个、
　　　　　人字五股绳(丙纶绳)17cm×3根
〈饰物、金属配件类〉双股簪（9cm、11cm）各1个、卷金线铁丝、
　　　　　12片银吊片组 1根
【完成尺寸】大花：直径约5.5cm、小花：直径约2.4cm、蝴蝶：宽约2.3cm、
　　　　　叶：宽约1.8cm

① 大花 ×2朵 ▶p.31　② 小花 ×6朵

③ 叶 ×4片

④ 蝴蝶 ×2只 ▶p.55

★叶片底座纸样　★切边位置

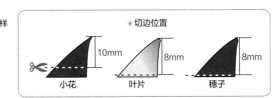

10mm　8mm　8mm

小花　叶片　穗子

❖铺排叶片和小花

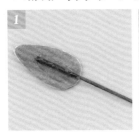

1 制作叶片底座（参考▶p.66"月花胸针"的步骤 **6**～**10**）。

2 叶片是捏制圆形后，以"切边位置"图为基准切边（▶p.14）。

浸湿

3 在叶片底座上涂抹浆糊。

4 先将2片叶片铺排成V字型。将布片的底部粘合。

5 铺排剩下的3片叶片后整理。

6 按照布料圆形底座的要领来制作和纸圆形底座（参考▶p.11步骤 **1**～**4**）。

粘贴和纸包扣

7 小花是捏制剑形后，以"切边位置"图示为基准切边（▶p.24）。

浸湿

8 在和纸包扣底座上涂抹浆糊。呈伞状将浆糊抹平。

9 对角铺排2片花瓣，剩余的花瓣在这2片花瓣间各铺排4片。

10 铺排10片花瓣，用胶水粘贴花芯装饰（▶p.27）。

❖组合大花、小花、蝴蝶、叶片和吊片组

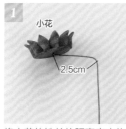

将小花的铁丝从距离底座约2.5cm处弯折。

将小花与大花合并拿住。在小花和大花的铁丝的连接处涂抹胶水缠绕捆绑线。

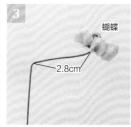

将蝴蝶的铁丝从距离底座约2.8cm处弯折。

把蝴蝶组合在小花上方。

边涂胶水，边用捆绑线缠绕。

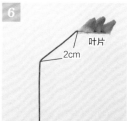

将叶片的铁丝从距离底座约2cm处弯折。

将叶片组合在大花的上方。

边涂胶水边用捆绑线缠绕。

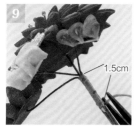

从铁丝分岔处开始绕线1.5cm后将线剪断，线头处涂抹胶水后缠绕固定。

准备吊片组。用捆绑线将吊片组下方的铁丝缠绕固定。

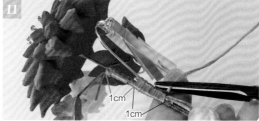

在距铁丝分岔处下方1cm的位置，合并吊片组。用捆绑线缠绕固定吊片组，剪断线。

吊片连接在了花朵下方。

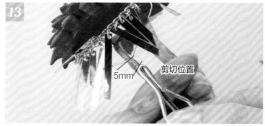

在距吊片组根部5mm左右的位置合并双股簪，确定剪切位置。

将铁丝用剪钳切断。

在双股簪的前端涂抹胶水。

不留间隙地缠绕捆绑线。

边涂胶水边用捆绑线将双股簪与主体牢牢地缠绕起来。

剪断捆绑线，最后用胶水固定。

用平口钳弯折发簪的头部。

调整平衡，完成。

❖制作穗子

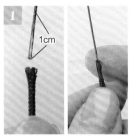
在铁丝前端涂抹胶水，插入丙纶绳中1cm左右。

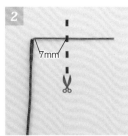
将铁丝弯成直角，前端留7mm后剪断。

将铁丝前端用圆嘴钳夹住，翻转手腕一口气弯成圆形。

弯成圆形后的样子。

在打印纸上画6条间隔18mm的线，放入透明文件夹内。

捏制圆形，以"切边位置"图示为基准切边（▶p.14）。

在花瓣底部两边内侧，涂少量胶水捏合，放在浆糊板上。

抹去多余的浆糊，从浆糊板上移至牛奶盒上干燥（▶p.20）。

在花瓣的切边上涂抹胶水。

用透明胶固定环
把步骤4中的绳子贴在5中的引导线上，将2片花瓣铺排在绳子上面。

捏制花瓣的背面
水平看步骤10的样子。将花瓣呈V字型地进行铺排。

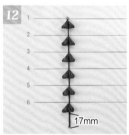
铺排6层后，留出17mm线头剪断。

将绳子穿入铃铛内，用胶水固定。

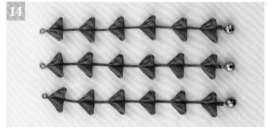
用相同方法共制作3条穗子。

❖组合大花、小花、蝴蝶、叶片和穗子

将3片叶片的铁丝分别从距离底座约2.2cm处弯折。

围绕大花呈三角状地将叶片组合起来。

从距离花朵底座约1.6cm处将叶片合并，绕线3cm左右固定好后，将线剪断。

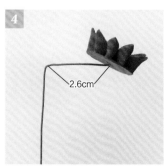
将小花的铁丝从距底座约2.6cm处弯折。

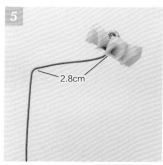

5 将蝴蝶的铁丝从距底座约2.8cm处弯折。

6 将小花组合在大花的右侧，再将蝴蝶组合在它们的上方。

7 从侧面看的样子。将小花与蝴蝶合并绕线5圈左右固定。

8 在大花的下方加入2朵小花，同样绕线5圈固定。

9 在大花的左上方加入2朵小花，同样绕线5圈固定。

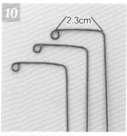

10 将铁丝前端用圆嘴钳弯成环，如图示弯折。

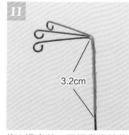

11 将3根合并，用捆绑线缠绕3.2cm。穗子架就完成了。

12 确保穗子从小花下方垂下，确认穗子架位置后组合。

13 边涂胶水，边绕线2.3cm。

14 在距分岔处1cm的位置对齐双股簪，确定剪切位置。

15 用剪钳将铁丝剪下。

16 用平口钳将花簪的头部弯折。

17 将穗子装入穗子架，完成。

请配合孩子礼服的颜色，改变布料颜色来制作。

31

成人式的发簪

▶*32*的材料（单个成品的材料用量）

〈布〉使用真丝电力纺5姆米
① （大花 3朵）→八重菊包挂（▶p.52）
　　第1层：边长4.5cm正方形切片×5片×3朵=共计15片
　　第2层：边长4.5cm正方形切片×5片×3朵=共计15片
　　第3层：边长5cm正方形切片×5片×3朵=共计15片
　　第4层：边长5cm正方形切片×10片×3朵=共计30片
② （小花4朵）边长2cm正方形切片×10片×4朵=共计40片
③ （穗子）第7层 边长2.3cm正方形切片×14片×2条=共计28片、
　　　第8层：边长2.3cm正方形切片×16片
〈花芯〉珠托（大）3个、人造钻石（直径4.7mm 3粒、直径3.9mm 4粒）
① （大花）半花球底座D（直径27mm）3个→制作方法 p.38～39、
　　和纸（边长6.5cm正方形）1张
② （小花）圆形底座纸（直径18mm）4片、和纸（边长3.6cm正方形）4张
　　包胶铁丝（22号 茶色 大花用）12cm×3根、
　　包胶铁丝（24号 茶色 小花用）12cm×4根、捆绑线
③ （穗子）弹簧扣3个、叶片吊坠3个、C形开口圈3个、流苏绳（20cm）3根
〈饰物、金属配件类〉双股簪（13.2cm）1个
【完成尺寸】大花：直径约5.8cm、小花：直径约2.3cm

① 大花 ×3个 ▶p.52

② 小花×4个

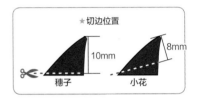

★ 切边位置

10mm　8mm

穗子　小花

❖ 制作穗子

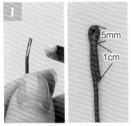

1

5mm
1cm

在流苏绳的前端1cm处涂胶水。如图粘贴，前端形成环。

2

将环对齐引导线，用胶带固定

在打印纸上画8条间隔16mm的线，放入透明文件夹内。

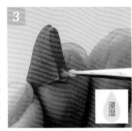

3

浸湿

在切边后的圆形（▶p.14）的两边内侧涂抹少量胶水捏合。

4

放在浆糊板上。

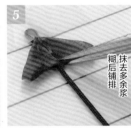

5

糊后铺排
抹去多余浆

在步骤 2 中的引导线上粘贴步骤 1 的绳子，在绳上铺排2片花瓣。

6

水平方向看步骤 5 的样子。将花瓣的侧面朝上铺平。

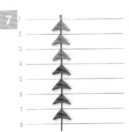

7

铺排7层后，干燥10分钟。

8

用文件夹的重量将花瓣压平

将文件夹翻过来，静置5分钟。再翻回正面晾干。

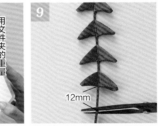

9

12mm

绳子末端留出12mm后剪断。

10

将绳子穿入叶片吊坠，涂抹胶水后粘合。

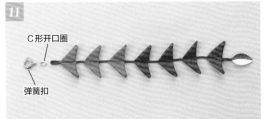

11

C形开口圈

弹簧扣

准备弹簧扣和C形开口圈。

12

将C形开口圈穿入穗子的环，连接弹簧扣（▶p.26）。

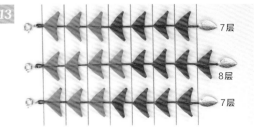

13

7层
8层
7层

制作2条7层穗子、1条8层穗子。

❖铺排小花

1 捏制圆形，以"切边位置"的图示为基准切边（▶p.14）。

2 在冲子圆形底座（▶p.10）上涂抹浆糊。

浸湿

3 呈对角铺排2片花瓣，将剩余的花瓣在其之间各铺排4片。

4 捏合底部铺排。

5 在人造钻石上涂胶水，粘贴在花朵的中心。

❖组合大花和小花

1 大花

2.7cm

将3朵大花的铁丝分别在距离底座约2.7cm处弯折。

2 小花 大花

1.7cm 5圈

将大花与小花合并拿住，在铁丝的连接处涂胶水，缠绕捆绑线。

3 同样地将2朵大花组合起来。

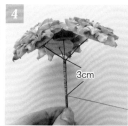

4 3cm

从分岔处开始缠绕3cm捆绑绳后固定，将线剪断。

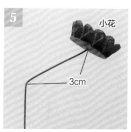

5 小花 3cm

将3朵小花的铁丝从距底座约3cm处弯折。

6 小花 小花 小花

在步骤4中的分岔处，将3朵小花依照相同方法分别缠绕在大花与大花间。

7 2.2cm

从分岔处开始绕线2.2cm后固定，将线剪断。

8 组装发簪（参考"▶p.77七五三节的发簪套件"的步骤13~15），用平口钳将花簪的头弯折。

9 小花 大花 小花
7层 8层 7层

在大花的铁丝上安装8层的穗子、小花的铁丝上安装7层的穗子，完成。

不装穗子可以制作成礼服头饰。布的颜色也换成了雅致的紫色。

33

32

❖ 作品展示 Gallery

从日常饰物到配合目的或场合的用品，可以制作各式各样的原创作品。
能制作出让人快乐创作、开心使用的花簪。
请务必来感受一下制作这些美好饰物所带来的快乐。

新娘发饰
采用了滴胶加工，原创作品"水晶*捏制细工"。
演绎出了通透感。

重要日子的八重樱花簪
配合成人式的振袖和服，做成了温柔的配色。
也可以作为花束来使用。

牡丹弧形花簪
让容颜尽显华美的原创花簪。
为配搭小纹和服而制作。

尖角玫瑰带留
使用厚度不同的布料来体现其纤细感。做出了很百搭的带留（和服腰绳）。